たった1秒iPhoneのスゴ技130

戸田 覚

青春出版社

知らないままではもったいない〝裏ワザ〟〝㊙ワザ〟を一挙に公開!!——はじめに

本書は、ｉＰｈｏｎｅをより便利に使うためのワザをたくさん集めました。簡単なのに意外と知られていないワザから、アプリをインストールして使う本格的なテクニックまで、１３０ほどを集めています。初心者も迷わず使えて役立つものが盛りだくさんです。

ぜひ、自分の知らないワザがあったら、本書の端を折って（ドッグイヤーですね）使ってみてください。驚くほど重宝するものがいくつもあるはずです。

僕は、ｉＰｈｏｎｅを振って「やり直し」するテクニックが大好きです。また、数字を入力するときに、数字キーを押しっぱなしにする86ページのテクニックも毎日のように使っています。

ぜひ、自分なりの便利技を見つけ出して愛用してください。きっと、ｉＰｈｏｎｅがますます便利に感じられて、愛着も増すことでしょう。

なお、本書はｉＰｈｏｎｅ５ｓ（ｉＯＳ７）を基本として執筆しています。ｉＰｈｏｎｅ５やｉＰｈｏｎｅ４ｓ、またキャリアの違いで、一部のワザが使えない可能性があることをご了承いただけたらと思います。では楽しいｉＰｈｏｎｅの世界へ！

戸田 覚

“振る”だけでミスを取消！

1秒ワザ

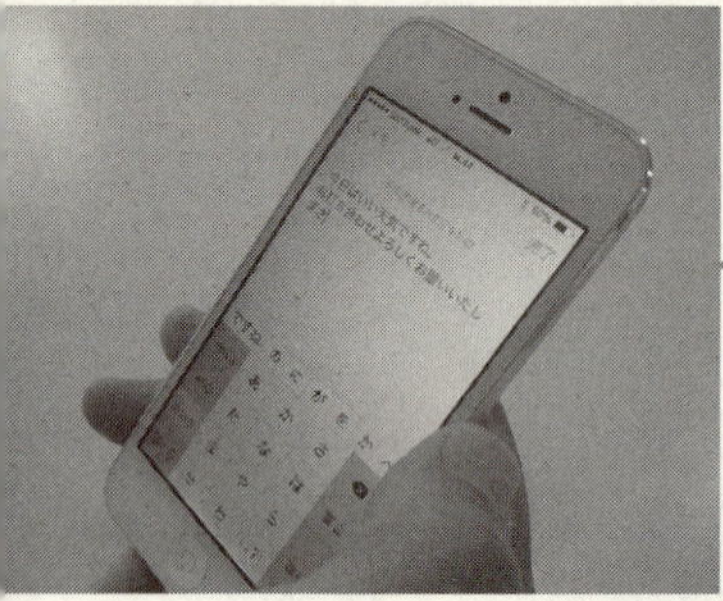

あ！
間違えた!!

振って、
取消
をタップ！

もとに
戻った!!

1秒ワザ

暗がりでこっそり使うには？

画面が
光って
まぶしいなぁ

ホームボタンをトリプルクリック！

画面が
反転して
まぶしく
なくなった！

※設定については34ページをご参照ください。

いますぐ懐中電灯がほしい…

1秒ワザ

ホーム画面を下から上にスライド

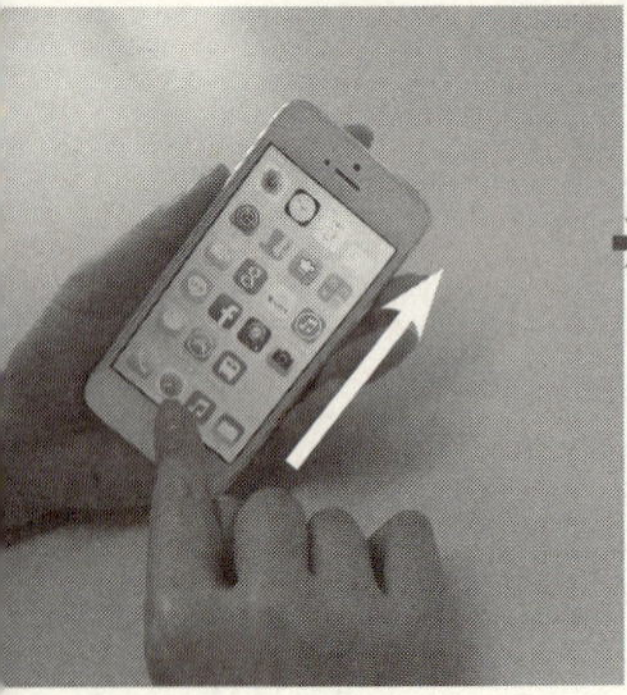

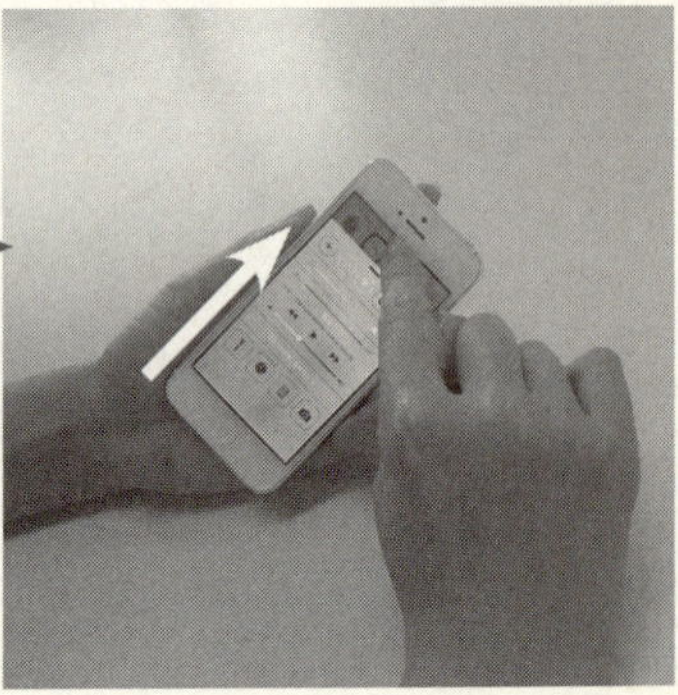

左下のボタンを押すと…

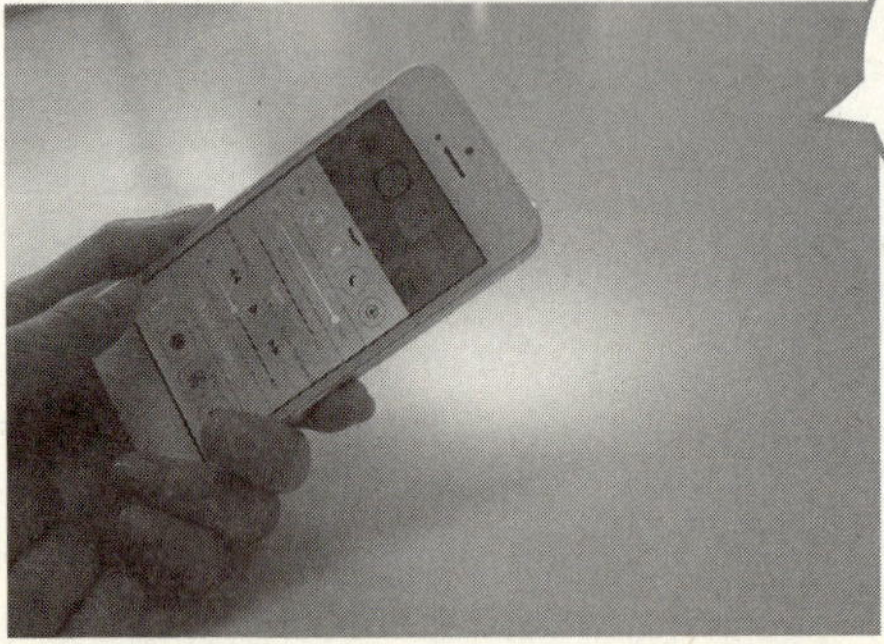

懐中電灯が
光った！

1秒ワザ

電卓で数字をミスった…

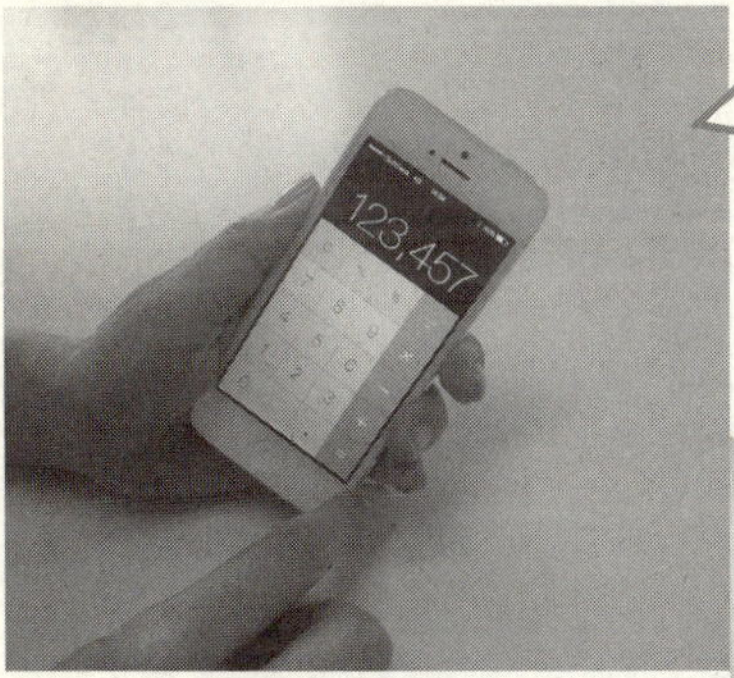

あ！
数字間違えた！

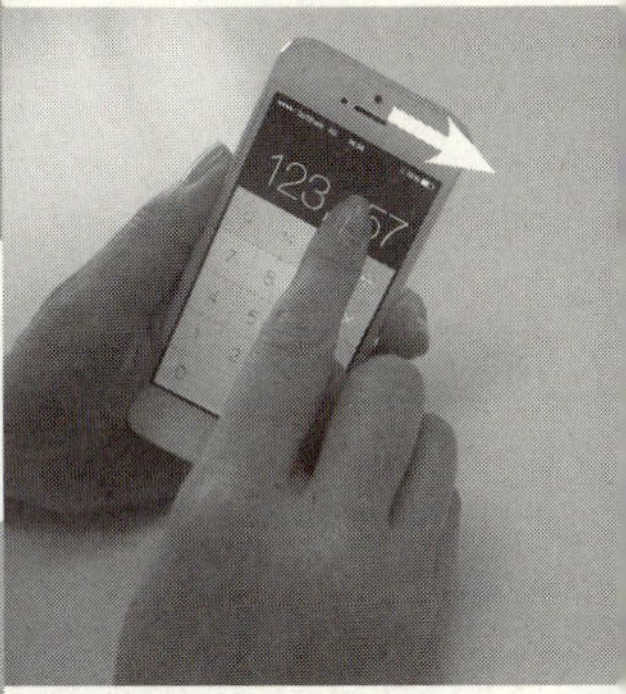

左から右へスライド

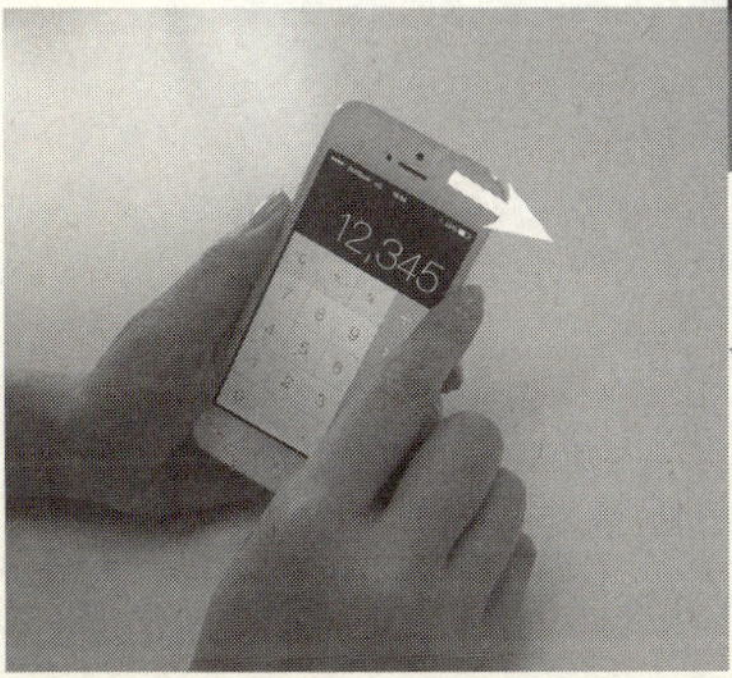

消えた！

面白いウェブページをすぐに見てもらいたい！

1秒ワザ

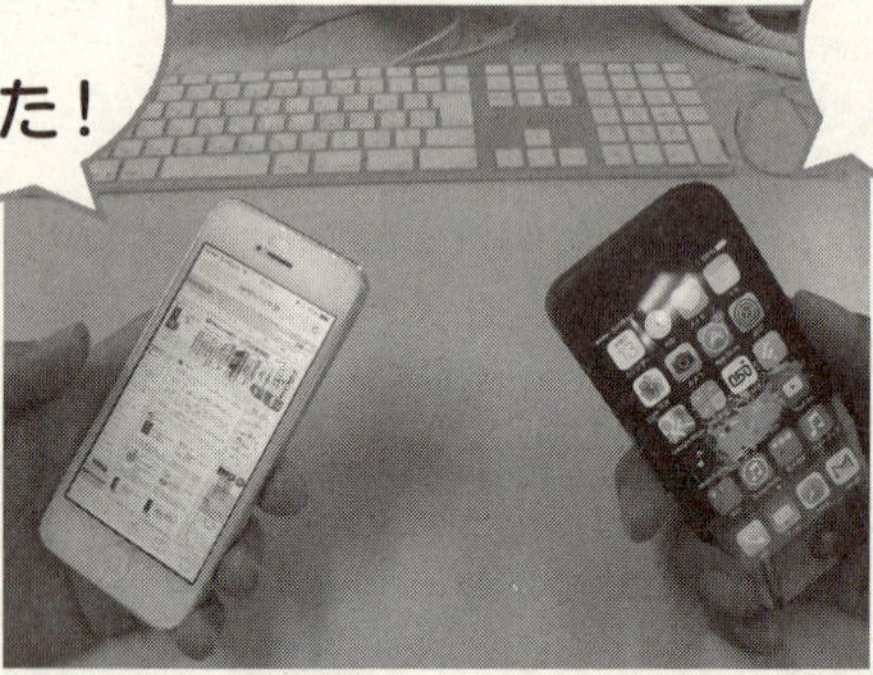
面白いページ見つけた！
どれどれ…

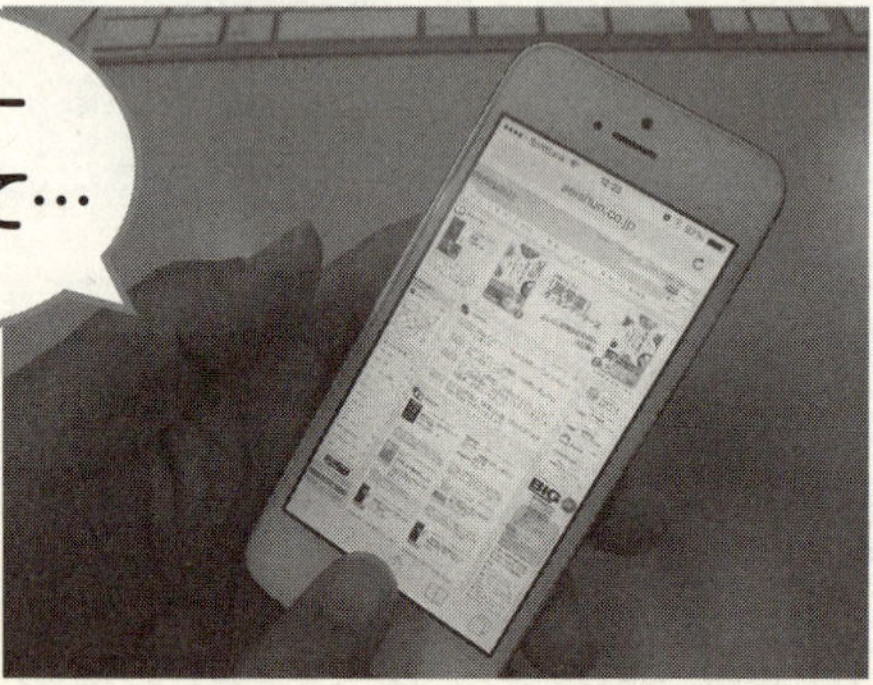
メニューを押して…

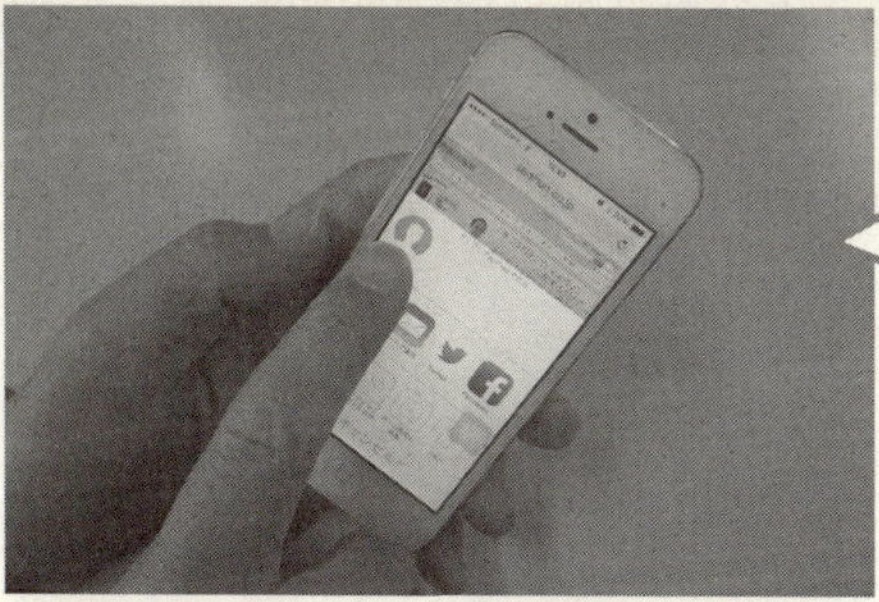

ポンと
タップ
すると…

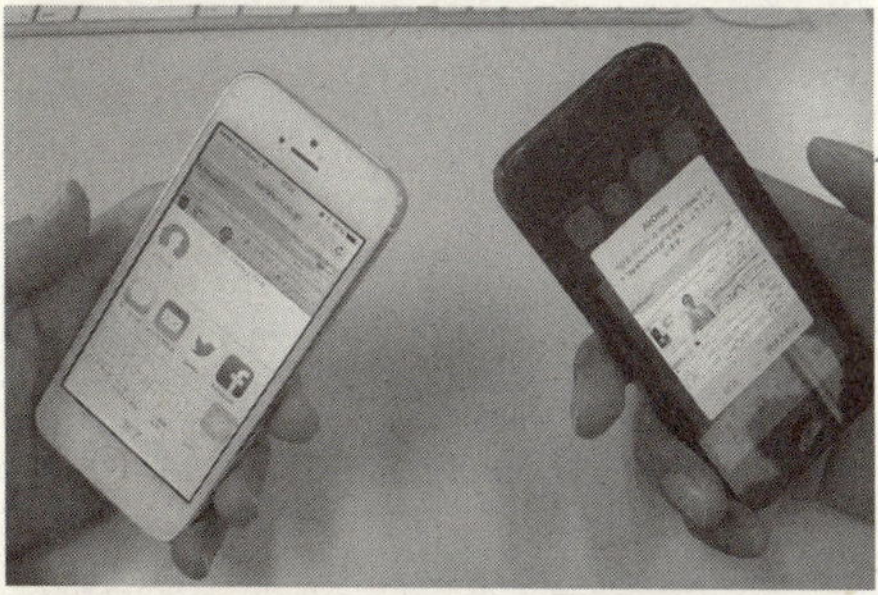

お！

きたきた！

※設定については47ページをご参照ください。

⬅その他、裏ワザ・㊙ワザが満載!!

たった1秒 iPhoneのスゴ技130 もくじ

知らないままではもったいない〝裏ワザ〟〝㊙ワザ〟を一挙に公開!!――はじめに 3

1章 たった1秒の「基本」ワザ
――基本操作がグッと楽になる

01 片手持ちでホームを切り替える 22
02 電波を瞬息で捕まえる 23
03 0.5秒で着信音を消す 23
04 一瞬でリダイヤルする 24
05 かかってきた電話への返信を忘れない 25
06 ドックの文字の色を変える 26
07 アイコンのフォントを太くする 28

08 ホーム画面を拡大する 30
09 画面でホームボタンを操作する 32
10 暗がりでこっそりiPhoneを使う 34
11 スクリーンショットを撮る！ 37
12 メールをまとめて開封済みにする 38
13 メールから即カレンダー入力 40
14 カレンダーを和暦にする 41
15 アプリをちゃんと終了する 43
16 快適にダブルクリックする 44
17 アプリを自動更新する 45
18 アプリ利用中に写真を撮る 46
19 まるでデジカメのように撮影する 46
20 写真をサクッと共有する 47
21 懐中電灯をパッと使う 49

22 コントロールセンターに操作の邪魔をさせない 50
23 電話やメールに邪魔されることなく眠る 51
24 通知を見やすく並べ替える 53
25 純正イヤホンの裏ワザ 55
26 なくしたｉＰｈｏｎｅを探す 56
27 もっと安全にｉＰｈｏｎｅを使う 59
28 指紋認証の反応をよくする 61
29 操作に困った時のスゴ技 62
30 調子が悪くなったときの裏ワザ 64
31 修理に出す前にやるべき㊙ワザ 64
32 バッテリー長持ちテク① メールの受信を時間制限する 65
33 バッテリー長持ちテク② 画面を暗くする 67
34 バッテリー長持ちテク③ 使わない通信機能をオフ 68
35 バッテリー長持ちテク④ 見た目をちょっと地味にする 69
36 バッテリー長持ちテク⑤ アプリを利用する 70

37 バッテリー長持ちテク⑥ 短時間で充電する 70

2章 たった1秒の「入力」ワザ
——サクッと書けるイラつかない

38 キーボードをシンプルにする 72
39 おせっかいな自動入力をオフ 74
40 キーボードを一瞬で切り替える 75
41 読むときに邪魔なキーボードを隠す 75
42 妙な変換をやめさせるテクニック 76
43 一瞬で範囲指定するタップ技 78
44 ラクラク範囲指定のスライダー技 79
45 たっぷりの文字数をイッキに範囲指定 80
46 1文字を〝しっかり〟選ぶ 81
47 〝振るだけ〟でミスを取消! 82

48 全角と半角を瞬時に切り替え！ 83
49 レアな記号をいち早く入力する 84
50 アドレス・URLを一発で入力する 85
51 キーボードの切り替えなしで数字を入力！ 86
52 ピリオドを瞬間入力する㊙ワザ 87
53 大文字入力に1秒で切り替える 88
54 「aa」「ああ」…同じ文字をスムーズに連続入力 89
55 「☆」「☂」…記号をさっくり入力 90
56 絵文字をてっとり早く入力する方法 91
57 レアな顔文字を〝直観的〟に使う 92
58 面倒な住所をパパッと入力する裏ワザ 95
59 わからない言葉を〝即〟調べる 97
60 英単語の意味を〝即〟調べる 99
61 しゃべってうまく文字入力 100

62 〝コピペ〟をいくつも同時進行で行う 101
63 パソコンの文章をiPhoneにコピーする 104

3章 たった1秒の「Safari」ワザ
――インターネットを自由自在に

64 リンクを新しいページで開く 110
65 トップページにお気に入りのページを追加する 111
66 タブを簡単に瞬時に閉じる 113
67 タブを全部イッキに閉じる 113
68 0.5秒で進む、戻る 114
69 消えたメニューを即復活！ 114
70 履歴をすぐにリストで表示する 115
71 見たページの履歴を残さない 116
72 あとで見たいページを逃さない 117

73 面白いサイトをサクッと共有する 119
74 気になった画像をすぐ保存する 120
75 気になるページを画像で保存する 121
76 よく見るページをアイコンにしてホーム画面に置く 123
77 ニュースサイトの文字を大きく読みやすくする 125
78 パソコンと同じページを開く 127
79 ブックマークを他の機器と共通にする 128
80 ページ内をパッと検索する 128
81 ブラウザの文字を大きくする 129
82 2画面でネットを見る 130
83 片手でブラウザを操作する 131
84 通信料をチェックする 132

4章　たった1秒の「アプリ」ワザ
——iPhoneをもっと楽しむ役立たせる

85　アプリのキホン整理ワザ　134
86　ドックのアイコンを工夫する　135
87　消えてしまったアプリを見つける　136
88　検索表示の順番を変える　138
89　アプリ内課金を防ぐ　139
90　すごい電卓を使う　141
91　電卓の数字を即消し　141
92　電卓の数字をコピーする　142
93　計算の途中経過を表示する　143
94　手書きで計算する　144
95　バーゲンの割引額を即計算　145
96　カレンダーに祭日を表示する　146

97 和暦・干支をすぐ知る 148
98 予定を素早く入力する 149
99 翻訳してすぐに伝える 151
100 iPhoneでかざすだけ翻訳 153
101 詳しい天気をすぐに知る 154
102 旅行先の天気をすぐに知る 154
103 タイマーをいますぐ使う 155
104 触らないでタイマーを使う 156
105 1日の運動量を計る 157
106 寝坊防止のアラーム設定ワザ 157
107 “絶対に”起きられるアラーム 158
108 写真を地図上で整理する 160
109 連写してベストショットだけ残す 162
110 写真をトリミングする 164

111 動画をトリミングする 166
112 写真を秘密にする 168
113 ＬＩＮＥで相手がブロックしてるか確認 169
114 ＬＩＮＥで既読を付けずにメッセージを読む 169
115 老眼にもおすすめの「でか文字スコープ」 170
116 そっとメッセージを伝える 171
117 手書きでササッとメモ書き 173
118 ＱＲコードで情報を伝える 174
119 録音したファイルをパソコンに保存する 175
120 メモリーを解放してアプリ動作を軽くする 176
121 バッテリーフル充電をお知らせ 178
122 電話を安くかける 179
123 ディスカウント・アプリを見つける 180
124 ｉＴｕｎｅｓカードを激安で買う 182
125 ｉＴｕｎｅｓカードのコードをパッと入力 182

126 ｉＰｈｏｎｅを失くしモノ探知機にする 183

127 ｉＰｈｏｎｅをパソコンのマウスにする 184

お悩み解決Q&A

Q やらなければいけないことをｉＰｈｏｎｅにメモしても、メモを見ることさえ忘れてしまいます… 187

Q お店の情報を見て、次に地図を開き…とやっていたら、前に見ていたページをうっかり閉じてしまいます… 188

Q アプリが増え続けて困ります。いい整理方法を知りたいです。 189

Q いいアプリを効率的に見つけるには、どうすればいいですか？ 190

※本書に掲載した情報は２０１４年６月現在のものです。

ＤＴＰ・図版　ハッシィ

1章

たった1秒の「基本」ワザ

——基本操作がグッと楽になる

01 片手持ちでホームを切り替える

ホーム画面の次のページを表示したいときには、指でスワイプするのが一般的です。右から左にスワイプすると、次のページが表示でき、逆にスワイプすると戻りますが、ページの終点まで行くとそれ以上スワイプできなくなります。

この方法が一般的ですが、片手で持っているときには操作しづらいことも。そんなときには、ホーム画面のドック上にある「・・・・」が並んでいるスペースの左右をタップしてみましょう。この方法でもページが切り替えられます。

「・・・・」マークの左右部分をタップするとページが移動できます。片手ではこの方が便利なケースも。

02 電波を瞬息で捕まえる

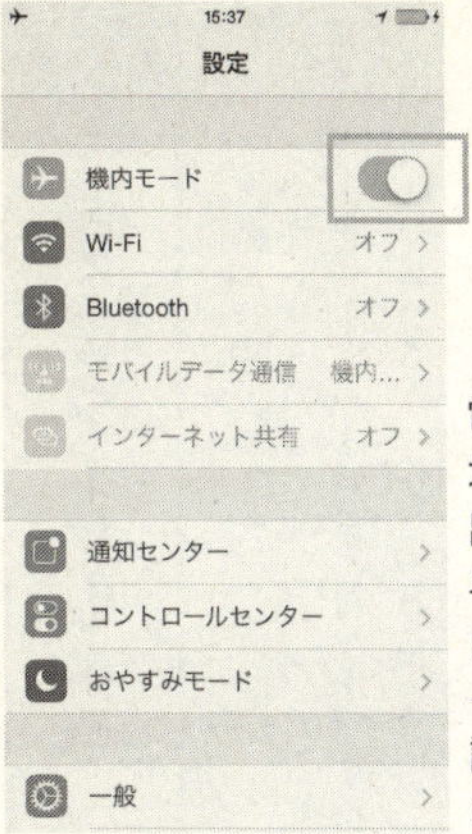

電波の来ていない地下街から地上に出た場合など、素早く電波を捕まえたいなら、機内モードのオンオフを試してみてください。

03 0.5秒で着信音を消す

会議中などに電話が鳴ったら、電源ボタンを1度押せば音消し、2度押すと素早く留守電に切り替えられます。

04 一瞬でリダイヤルする

キーパッドで番号をプッシュして電話を掛けた際に、相手が不在だったり話し中のことがよくあります。履歴を開いてまた掛けてもいいのですが、簡単なのは、もう一度通話ボタンを押す方法です。緑色の通話ボタンをプッシュするだけで、直前に押した番号に発信できます。

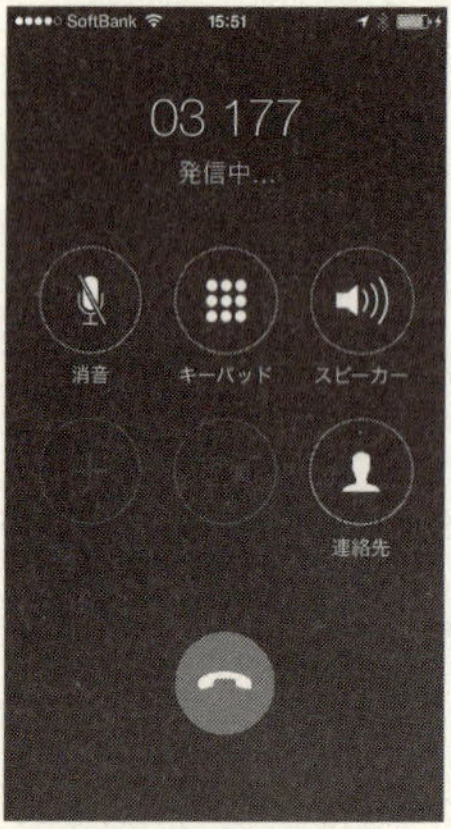

①電話を掛けたのに、相手が出ませんでした。

②キーパッドの画面で緑の通話ボタンを押せば、直前の番号に掛け直せます。

05

かかってきた電話への返信を忘れない

打ち合わせ中に電話が鳴りました。「今は出られないけれど、後でかけ直そう」と思うことはよくあります。ところが、忙しく作業をしていると、うっかり忘れてしまいがちです。

電話が掛かってきたら、画面で「後で通知」をタップします。自動でリマインダーに登録されて、1時間後にアラートが表示されるので、うっかり忘れを防止できます。

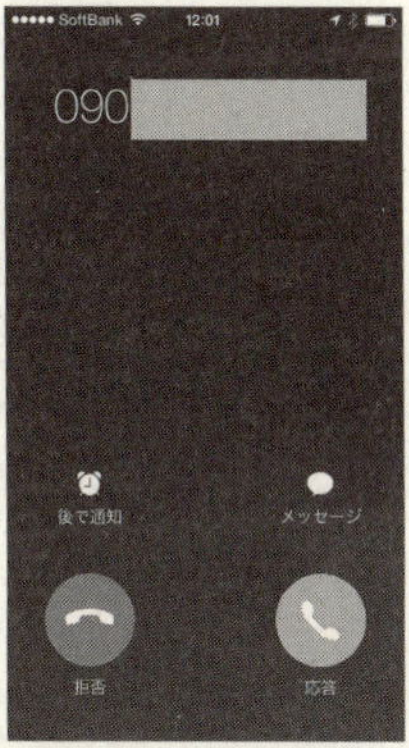

電話が掛かってきたら「後で通知」を選びます。1時間後の通知と、今いる場所を移動したときに通知する2種類が選べます。確実に通知したいなら前者がおすすめです。

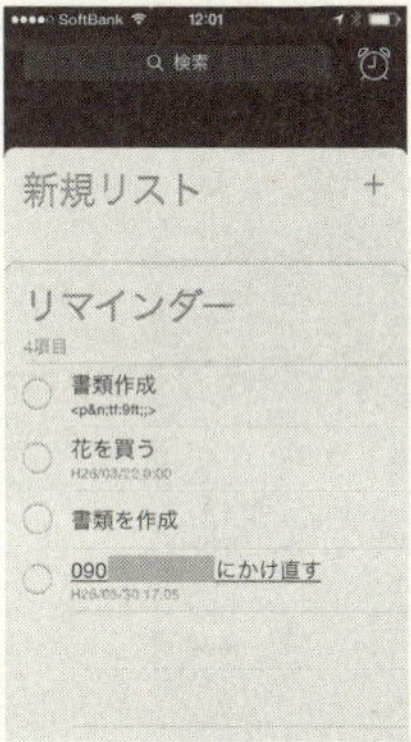

リマインダーのリストに加わります。

06 ドックの文字の色を変える

iPhoneでは、壁紙を入れ替えて楽しめますが、デザインによってはドックのアイコンが見えづらくなることがあります。

こんな時には、「アクセシビリティ」の設定を変えることでアイコンがグッと見やすくなります。アクセシビリティは、体の不自由な方向けの機能が多く搭載されていますが、見づらいとか使いづらいと思ったら誰が使ってもかまいません。使い勝手がよくなる機能が集まっているのでとても重宝します。

①ドックの文字が見づらくて困ります（本書はモノクロなのでわかりづらい点をご了承ください）。ホーム画面の「設定」をタップします。

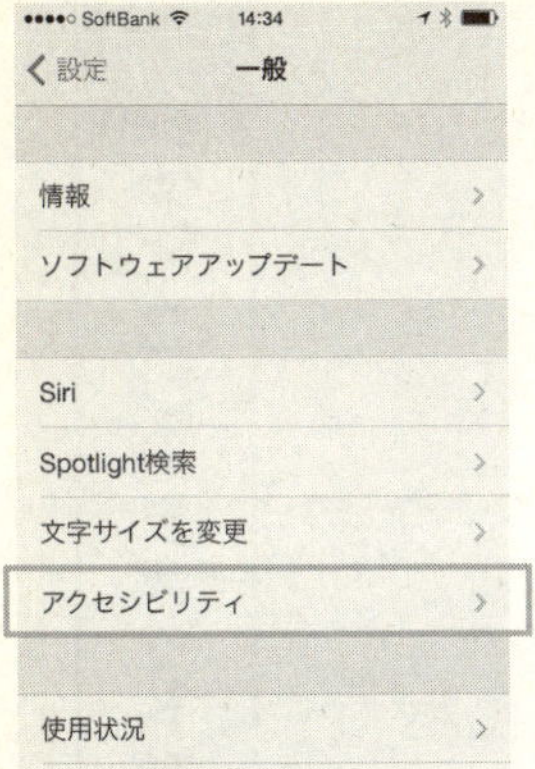

②「一般」をタップして、さらに「アクセシビリティ」をタップします。

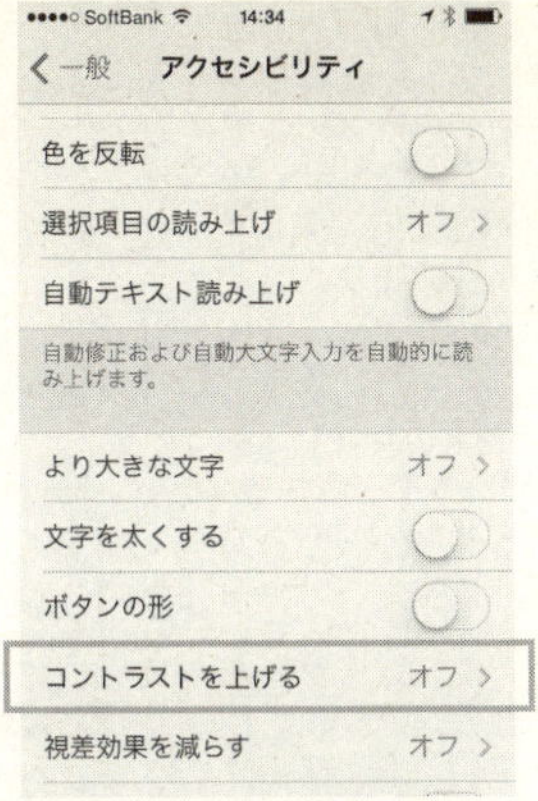

③「コントラストを上げる」をタップします。

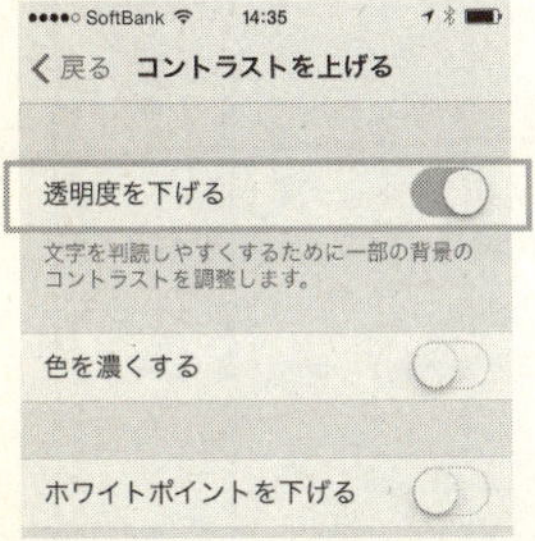

④「コントラストを上げる」メニューが開いたら、「透明度を下げる」のスイッチをオンにします。

⑤ドックの部分のコントラストが調整されて、アイコンの特に文字が見やすくなりました。

07 アイコンのフォントを太くする

大量のアプリをインストールしていると、アイコンを見ただけでは内容が判断できないため、アプリの名前を見ることになるのですが、初期設定では文字が細くてちょっと見づらいことも。特に背景がごちゃごちゃとしていると、読みにくくなります。そんなときには、文字を太くする機能を使います。設定は、おなじみのアクセシビリティから。iPhoneを再起動すると文字の太さが変わります。ちなみに、背景の色に合わせてアイコンの文字色は自動で見やすくなります。

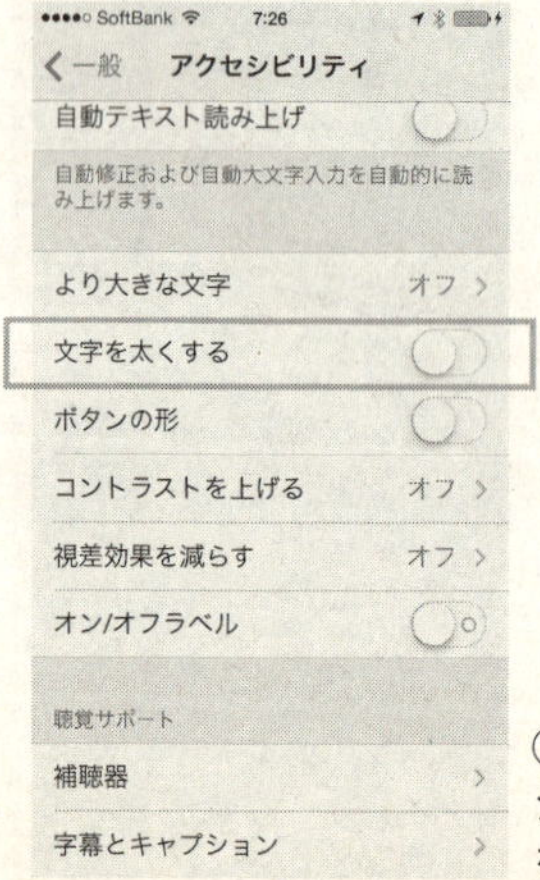

①「一般」→「アクセシビリティ」→「文字を太くする」をオンに。

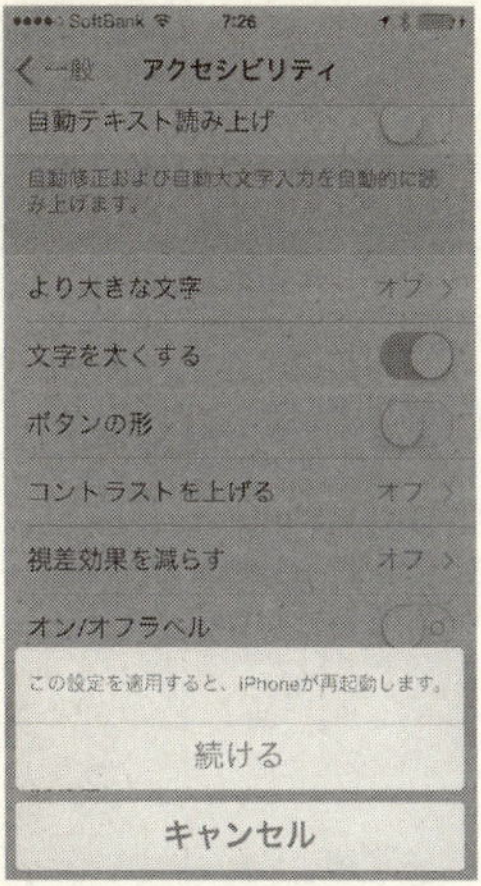

②再起動後に、太さが変更されます。

③アイコンの文字が太くなり、読みやすくなったことがわかります。

08

ホーム画面を拡大する

外出先に眼鏡を忘れて画面が見にくい——こんな時には、拡大機能がおすすめ。一度設定しておけば、画面を３本指でダブルタップするだけで拡大でき、もう一度ダブルタップすると元に戻ります。スクロールも３本指でＯＫです。

ゲームなどの画面も、細かすぎると感じたらすかさず３本指でダブルタップするだけで、拡大・元に戻すことができて便利です。

①「設定」→「一般」から「アクセシビリティ」をタップ。

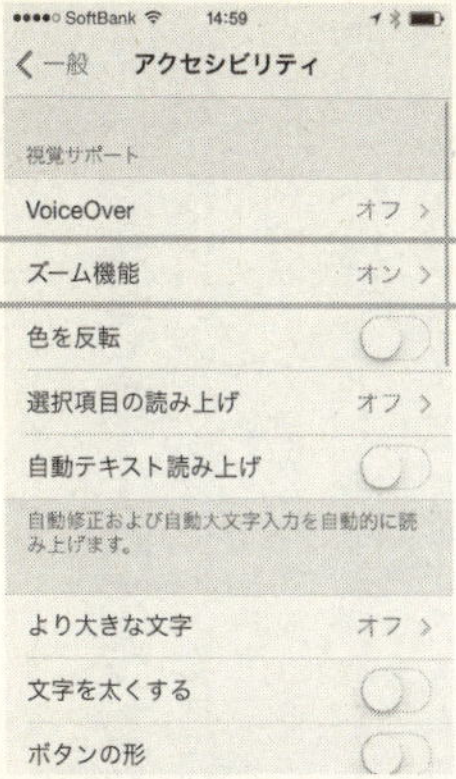

②「ズーム機能」をタップします。

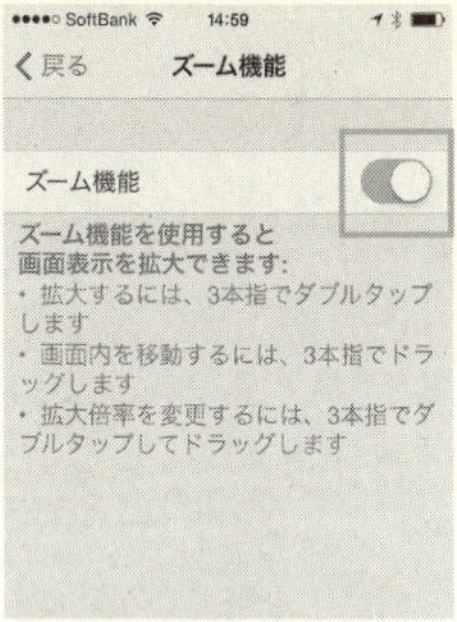

③「ズーム機能」のスイッチをオンに。説明にあるように3本指のダブルタップでズームできるようになります。

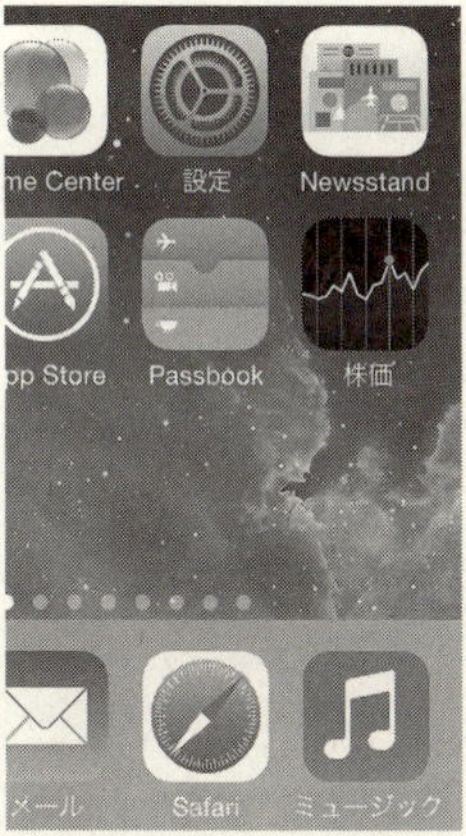

④3本指のダブルタップで画面を拡大、スクロールできます。アイコンの文字がぐっと読みやすくなります。

09 画面でホームボタンを操作する

ホームボタンや電源ボタンなど、ｉＰｈｏｎｅのボタンを画面上から操作する機能を紹介します。知らない人が見るとびっくりするワザです。

ネタとして楽しいだけでなく、ボタンを押せないときには便利です。例えば、クリップタイプでｉＰｈｏｎｅを挟んで固定する三脚を取り付けると、ホームボタンが押せなくなることがあります。そんな時こそ出番の機能なのです。

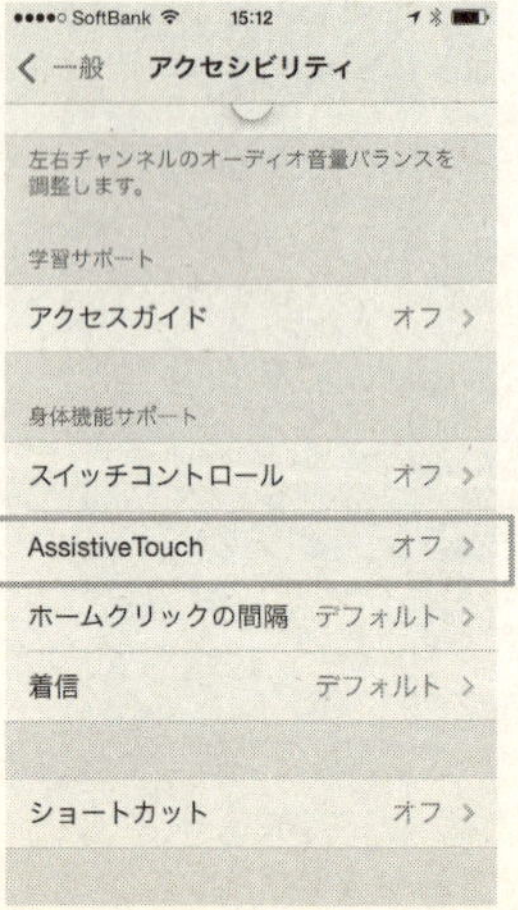

①「設定」→「一般」から「アクセシビリティ」をタップし、「AssistiveTouch」をタップします。

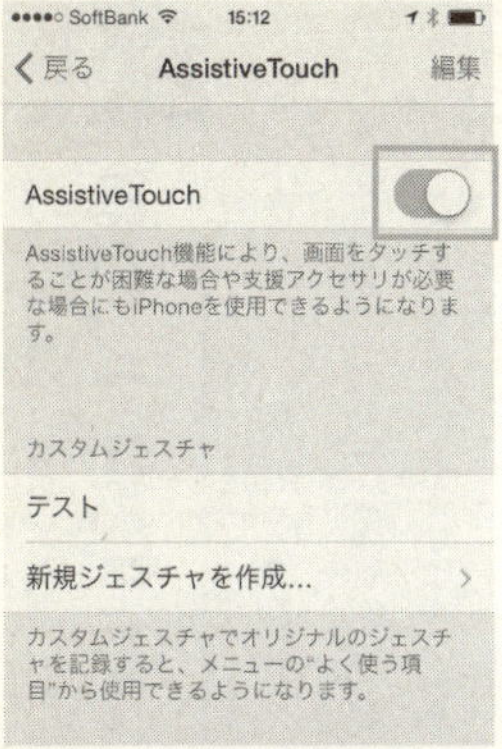

②AssistiveTouchをオンにします。

③画面にホームボタンが表示されました(※画面はイメージです)

④ホームボタンをタップすると各種の操作ができます。

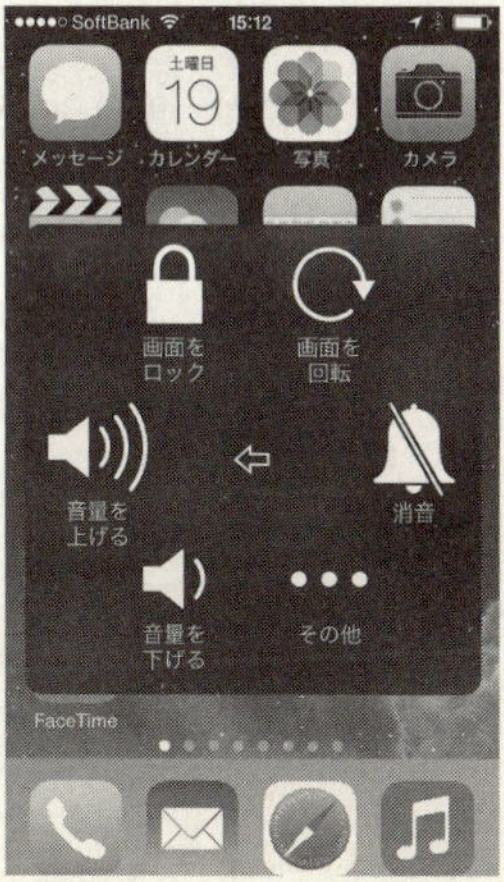

⑤デバイスをタップすると音量調整なども可能です。

10 暗がりでこっそりiPhoneを使う

寝室などの暗い部屋でひそかにｉＰｈｏｎｅを使おうと思っているのに、画面がまぶしくて目立ってしまうことがあります。暗いプレゼン会場や飛行機の中でも明るさが気になるものです。

そんなときには、色を反転する機能を使うとよいでしょう。特に白の多い画面は、背景が黒になって文字が白と、まさに色が逆転します。明るすぎて目立った画面が、気にならなくなります。

夜の屋外など、とても暗い場所でｉＰｈｏｎｅを使うときにも、画面が明るすぎてまぶしく感じるケースがあります。こんな場合にもおすすめの機能です。

ただし、画面を反転するためにいちいち機能を呼び出していると面倒です。そこで、ホームボタンを３回連続クリックするショートカットに割り当ててしまいましょう。

一度設定しておけば、以降、トリプルタップをする度に、画面の色が反転するようになります。元に戻すのにも、もう一度３度押しすればＯＫです。

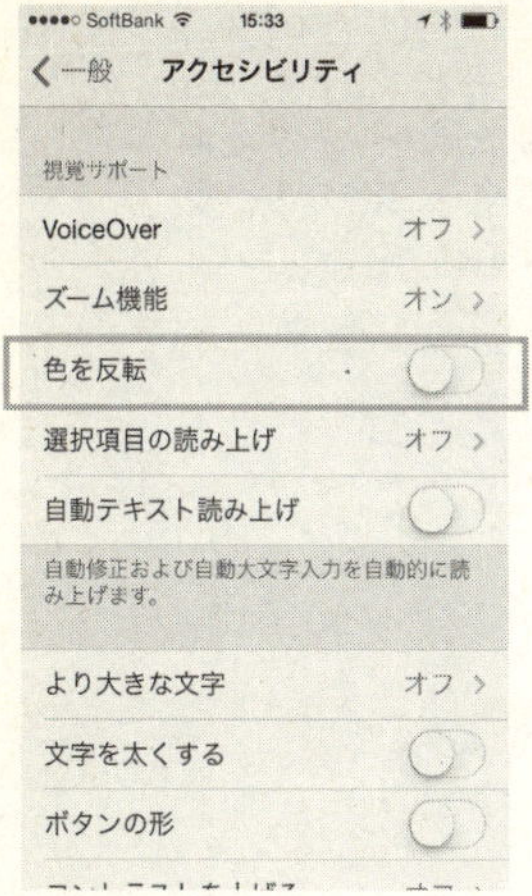

①「設定」→「一般」から「アクセシビリティ」をタップし、「色を反転」をオンにします。

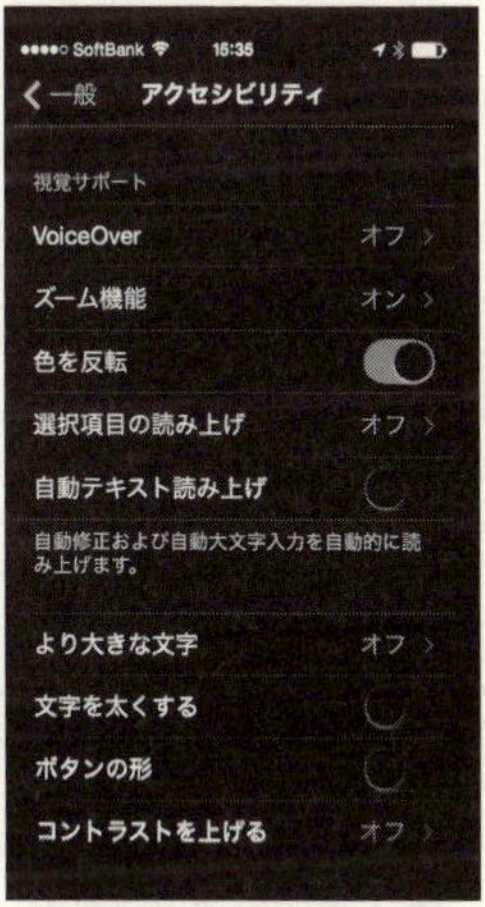

②すると、すぐさま画面の色が反転します。

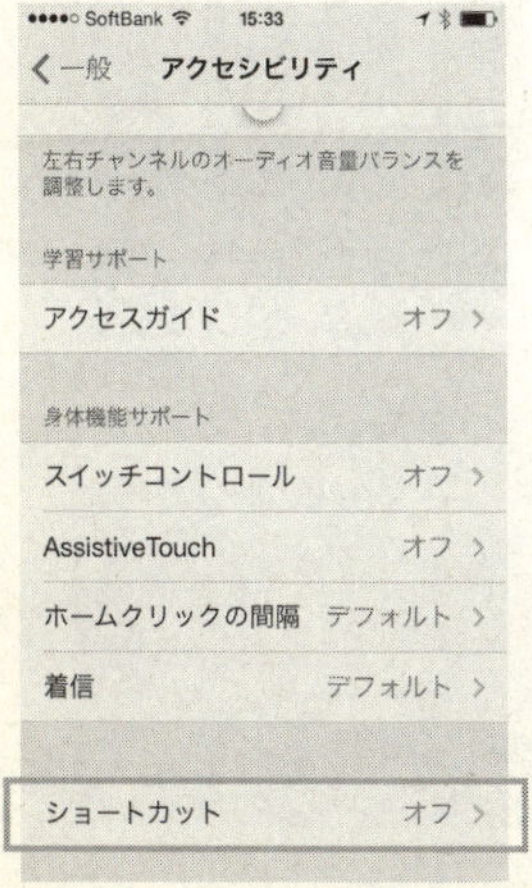

③使いやすいように反転をショートカットに割り当てます。アクセシビリティの下にある「ショートカット」をタップします。

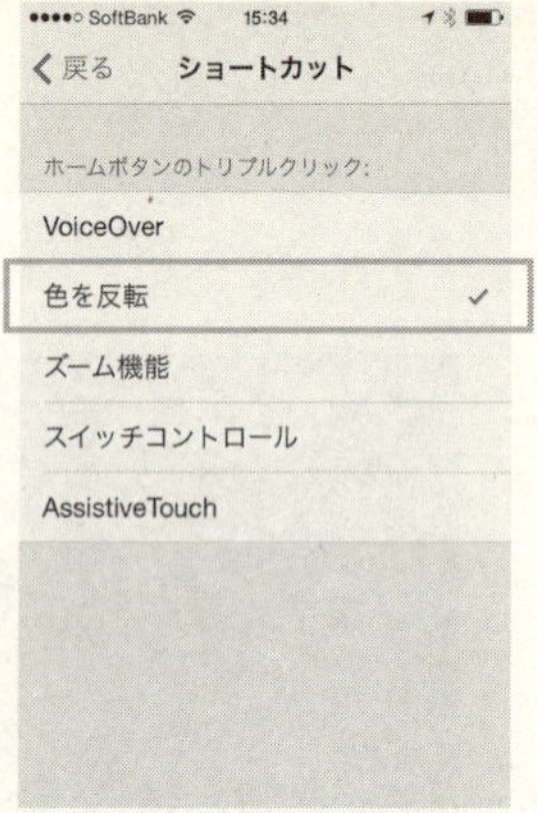

④リストから「色を反転」を選びます。これで、以降ホームボタンを3度押しする度に画面の色が反転します。

⑤ホーム画面でも色が反転します。

11 スクリーンショットを撮る！

これはｉＰｈｏｎｅワザの定番中の定番。電源とホームボタンを同時に押すと、画面のスクリーンショットが記録できます。データはアルバムに保存されるので、撮影した写真と同様にメールやＬＩＮＥでも送信できます。

①電源とホームボタンを同時に押します。ここでは、ゲームの画面を撮影。撮影と同時に保存されます。

②ＬＩＮＥにも撮影済みの写真と同様に貼り付けて送れます。

12 メールをまとめて開封済みにする

メールをきちんと見ていないと、あっという間に未開封のものが溜まってしまいます。10通程度なら手動で開封していってもいいのですが、50通を超えると作業が大変です。

以前までは、裏技を使わないとまとめて開封済みにできなかったのですが、最近は簡単にできるようになりました。うっとうしい未開封マークを早速消しておきましょう。

①大量の未開封メールが溜まっています。

②メールを開いたら、右上の「編集」をタップします。

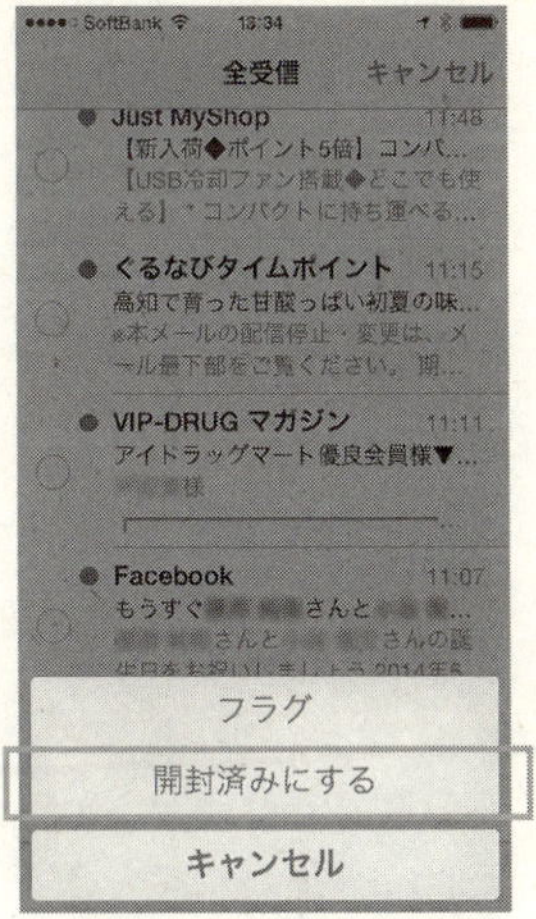

③「開封済みにする」をタップすれば、あっという間に作業完了です。

④開封済みになりました。

13 メールから即カレンダー入力

もらったメールの本文に「6月12日 14：00」などの日付、時刻が入力されていたら、すぐさまカレンダーに予定を入れられます。会社の同僚など、一緒に仕事をしている人にこの書式を伝えておくととても便利です。

書式が正しければ、アンダーラインが引かれたリンク形式になります。あとは、タップすれば、予定を作るメニューが開きます。画面を参考に半角で入力してください。

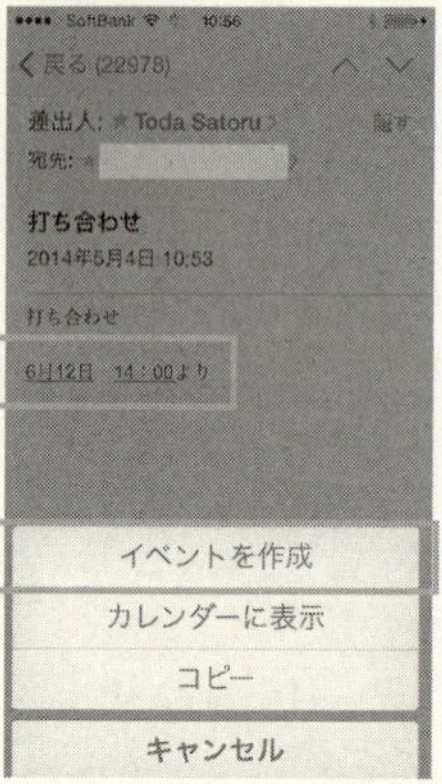

①メールの本文に書いてある日付や時刻をタップします。このメニューが開いたら、「イベントを作成」をタップ。

②イベント作成の画面が開きます。日付などが自動で設定されているのが便利です。

14 カレンダーを和暦にする

iPhoneのカレンダーは、標準で西暦になっています。例えば、「2014年」と表示されるわけです。ところが、申込書などに和暦の記入を求められて、今が平成何年なのか自信がないこともあるでしょう。設定を変更すれば和暦に切り替えができます。例えば、「平成26年」と表示できます。

①標準では左上の年号が西暦で表示されます。

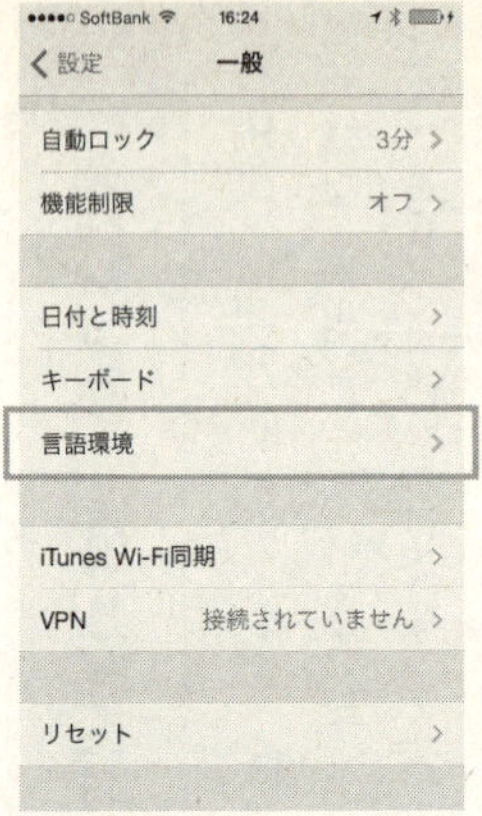

②「設定」→「一般」→「言語環境」をタップします。

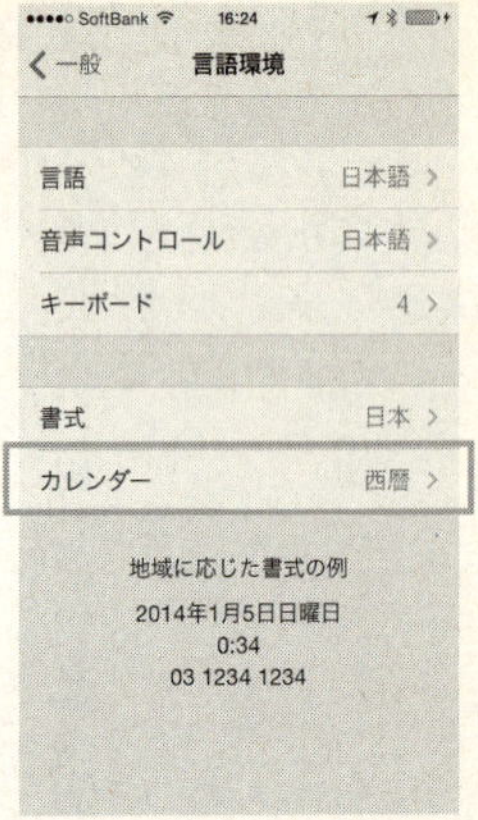

③「カレンダー」をタップします。

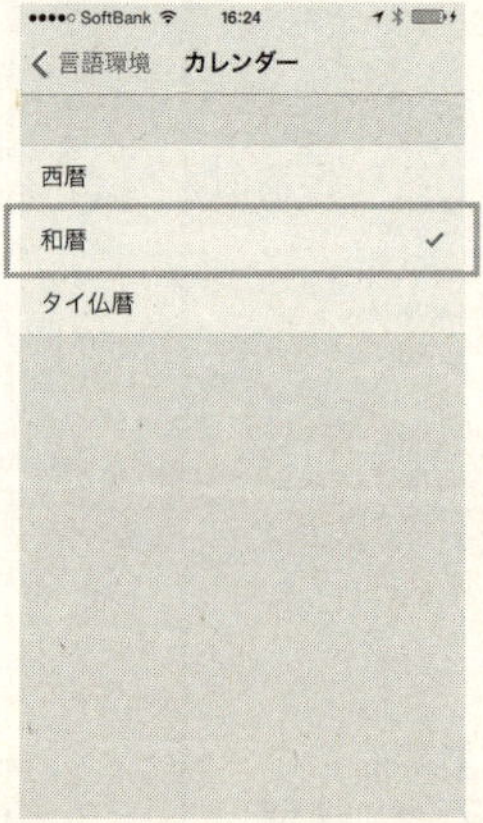

④「和暦」にチェックを付けます。

⑤カレンダーが和暦になりました。

15 アプリをちゃんと終了する

ｉＰｈｏｎｅを使っていると、いつの間にかたくさんのアプリが起動しています。不調になってきたら終了させるとよいでしょう。また、アプリの挙動がおかしいときにも一度終了させて、再度起動することをおすすめします。

アプリの終了はホームボタンを２度押しして、リストが表示されたら上にスライドします。指を３本使うと一気に３つのアプリを終了できます。たくさんのアプリを終了するときに手っ取り早い方法です。

ホームボタンを２度押しします。この画面になったら上にスライドで特定のアプリを終了できます。

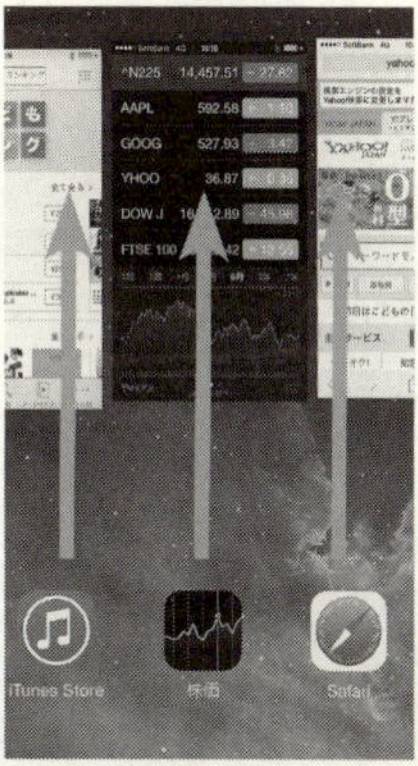

指を３本使って一気に３つずつ終了させることもできます。

16 快適にダブルクリックする

43ページで紹介した起動中のアプリのリスト表示は、ホームボタンを短い間隔で連続2回押す必要があります（ダブルクリック）。

この操作がうまくできないなら、間隔を遅めに調整するとよいでしょう。設定は3段階で調整でき、少しゆっくり2度押ししてもタスクが表示されます。

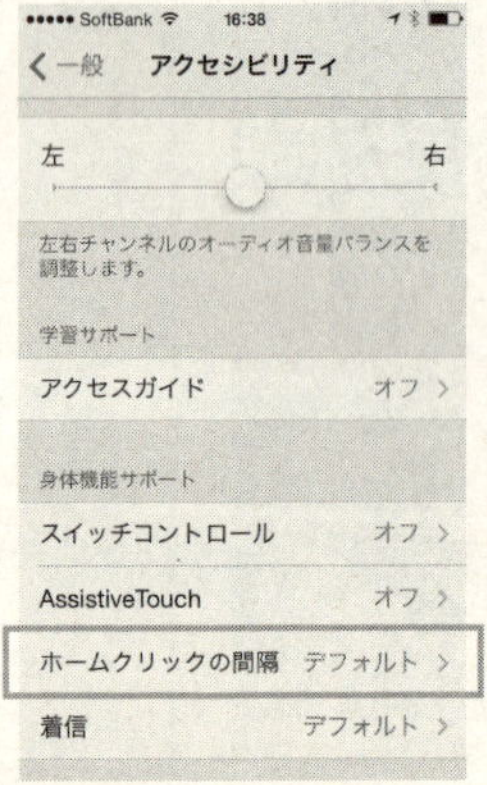

①「設定」→「一般」から「アクセシビリティ」をタップし「ホームクリックの間隔」をタップします。

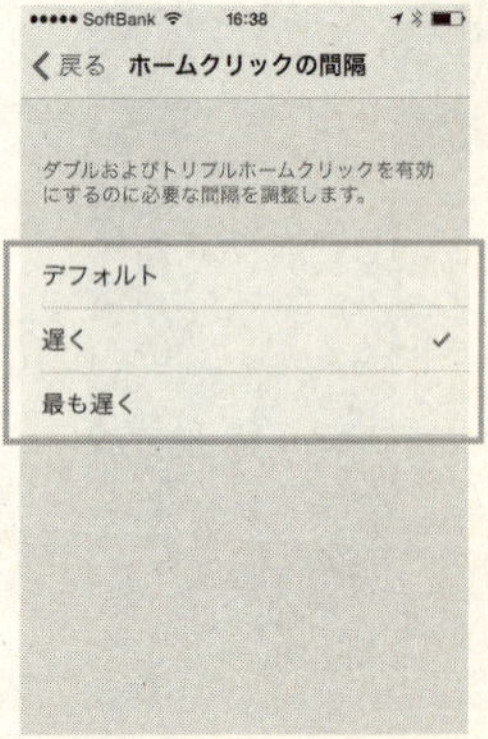

②間隔の遅さを指定します。iPhone本体が振動して押す間隔を教えてくれます。

17 アプリを自動更新する

iPhoneには、アプリのアップデートを自動で更新する機能が搭載されています。手動の更新ではついおっくうになって、更新予定のアプリが大量に溜まってしまいます。そこで自動で更新しておけば、楽です。逆に、アプリの自動アップデートを嫌うこだわり派の人は、オフにしておくとよいでしょう。

また、「モバイルデータ通信」をオフにしておくことで、Wi-Fi環境のみでの更新が可能です。データ通信の使いすぎが気になる方におすすめです。

①「設定」→「iTunes & App Store」をタップします。

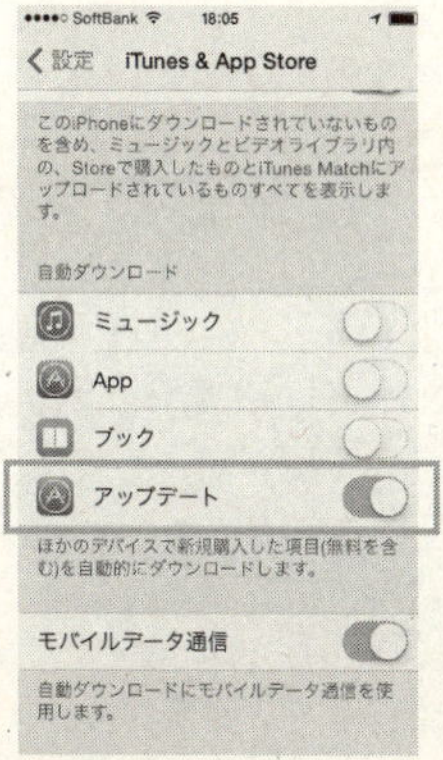

②自動ダウンロードで「アップデート」をオンにするとアプリを常に最新にできます。

18 アプリ利用中に写真を撮る

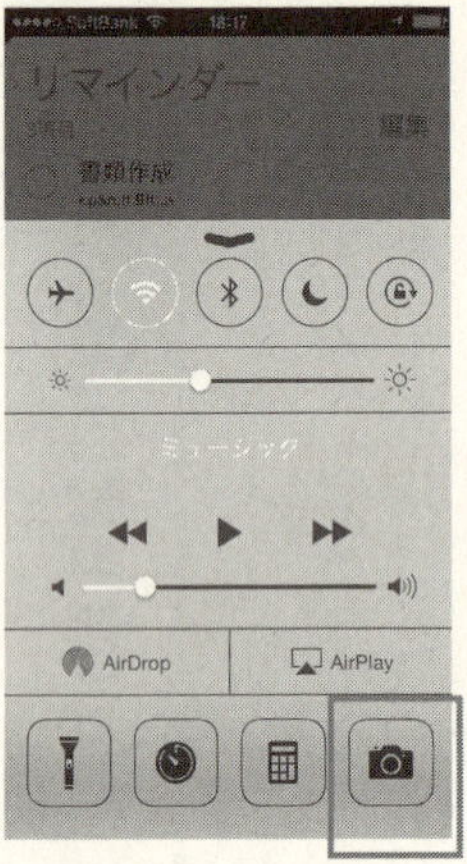

画面を下からスワイプすると出てくるコントロールセンターで写真が撮れます。アプリ利用中でもホーム画面に戻らず、素早い撮影ができます。

19 まるでデジカメのように撮影する

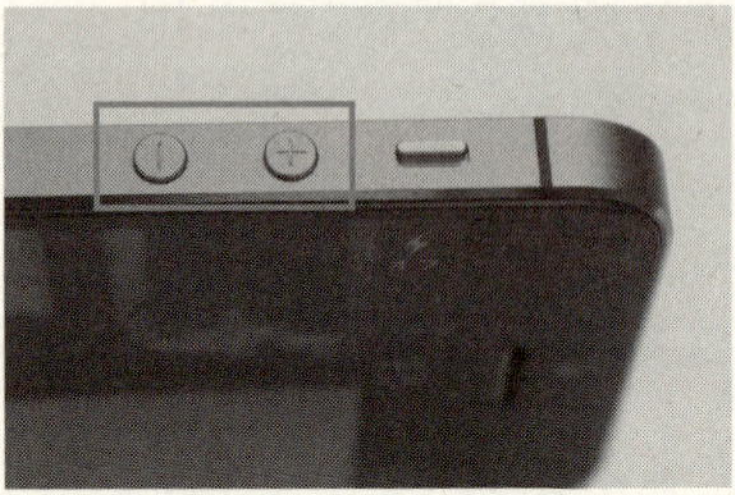

カメラを起動したら、音量調整ボタンでも撮影できます。まるでデジカメのシャッターのようですね！

20 写真をサクッと共有する

ｉＰｈｏｎｅやｉＰａｄなど、ｉＯＳを搭載する製品同士なら、ＡｉｒＤｒｏｐで写真を受け渡せます（ｉＯＳ７以降）。準備は、画面の下から上にスワイプすると表示される「コントロールセンター」をオンにするだけです。

　あとは、写真を選んだら表示される相手に送信します。ＡｉｒＤｒｏｐは近くにいる相手に無線で写真を送る仕組みなので、目の前の友だちに写真を送る際にオススメです。

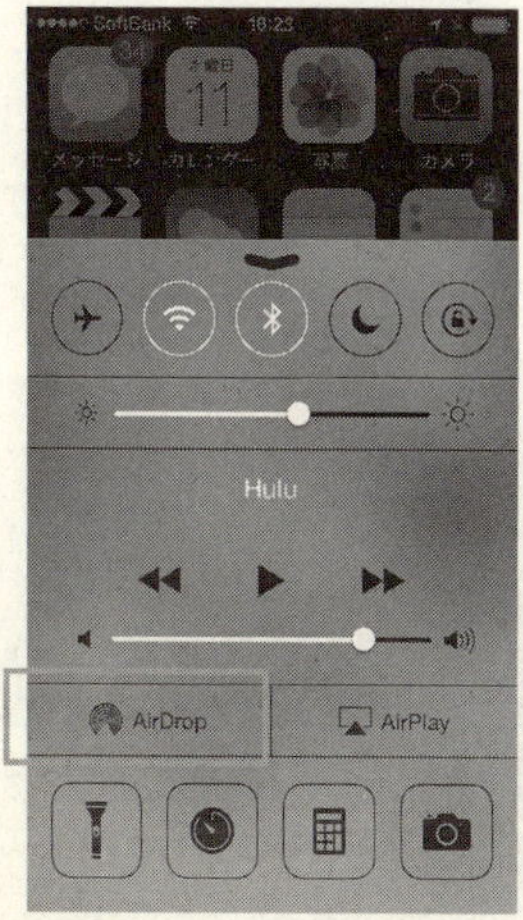

①画面を下から上にスワイプして「コントロールセンター」を表示。「AirDrop」をタップします。

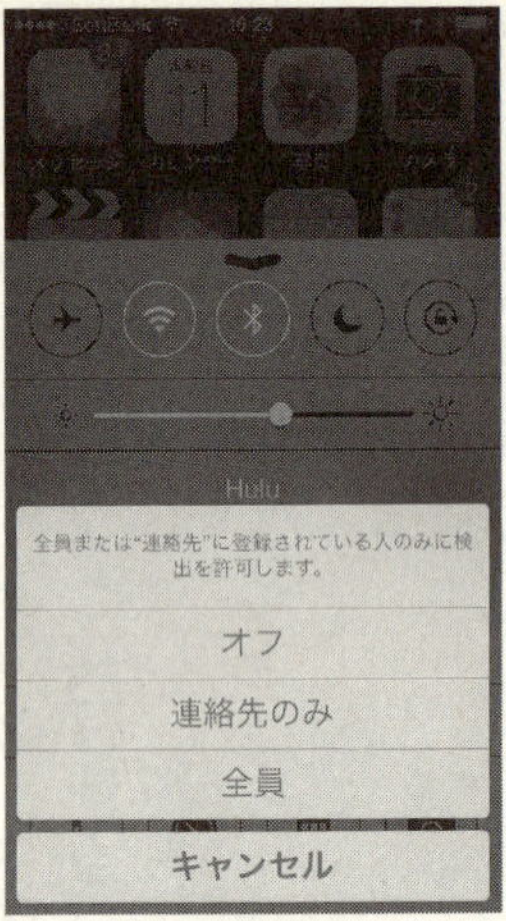

②とりあえず「全員」をタップすればよいでしょう。「連絡先のみ」は、連絡先に登録した相手とのみやりとりできます。

③写真を選択したら、送るメニューから送り先をタップします。

④受け取り側にはこのように写真が送られてきます。

21 懐中電灯をパッと使う

意外に便利なiPhoneの懐中電灯機能を使っていますか? カメラでフラッシュとして利用するLEDランプを懐中電灯として光らせることができるのです。暗い場所で落とし物を捜したり、引き出しの奥の方を見るときに重宝します。万一の災害で停電したときにも、この懐中電灯機能を覚えておくと安心です。

使い方は簡単で、コントロールセンターからオンにするだけです。使い終えたらオフにするのを忘れないようにしてください。

iPhoneの背面にあるLEDが光って懐中電灯として使えます。

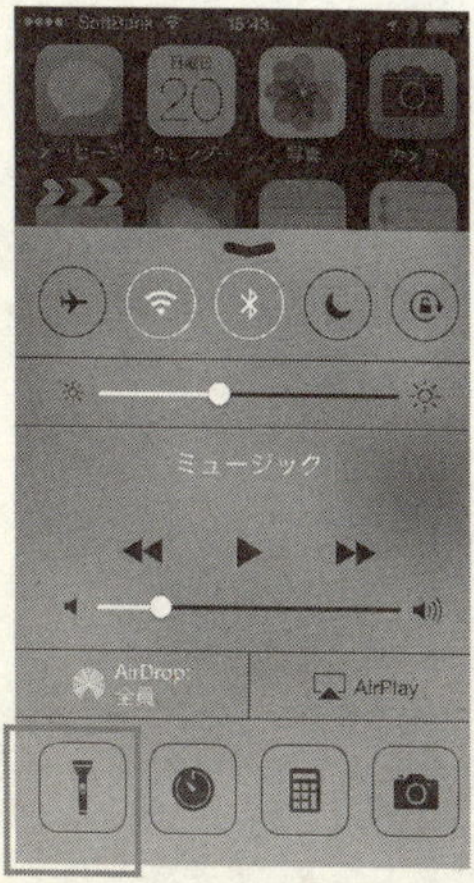

画面下から上にスワイプしてコントロールセンターを表示したら、左端の懐中電灯のボタンをタップします。

22 コントロールセンターに操作の邪魔をさせない

iPhoneの画面を一番下から上にスワイプすると表示されるメニューが「コントロールセンター」。便利ですが、アプリによっては操作の邪魔になることがあります。特に、ゲームに熱中している時に表示されると、うっとうしいものです。そこで、アプリ操作中には非表示にしましょう。「設定」→「コントロールセンター」で設定できます。

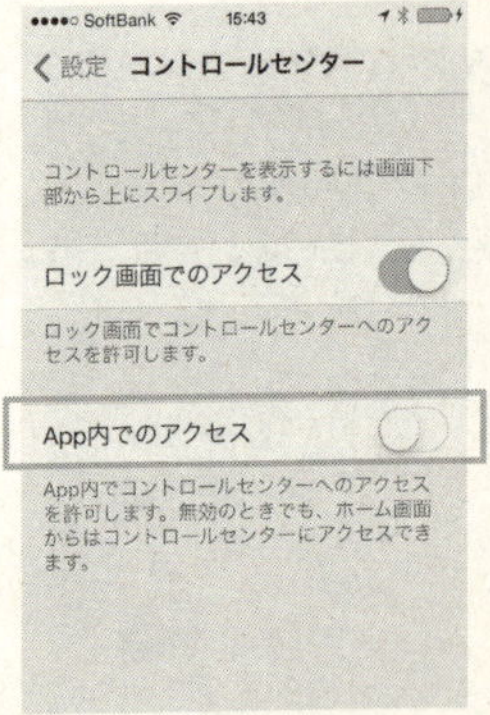

アプリ内で非表示にするには「設定」→「コントロールセンター」→「App 内でのアクセス」をオフにします。

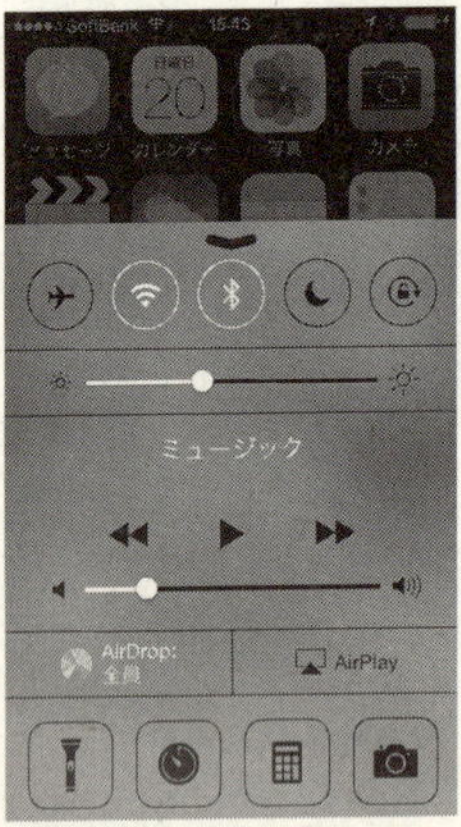

画面下から上にスワイプすると現れるのがコントロールセンターです。

23 電話やメールに邪魔されることなく眠る

夜中に電話のベルや、メールなどの着信音で起こされると気分がよくありません。そんなときにおすすめなのが、『おやすみモード』です。

おやすみモードをオンにしていると、電話の着信や各種の通知をオフにできます。とはいえ、電源を切っているわけではないので、履歴には残ります。簡単に言ってしまうと、まとめて音消しにすると考えてもよいでしょう。

おやすみモードは、手動でオンにすることができるので、マナーモード代わりに使ってもよいでしょう。また、時間を決めて毎日自動でオンにすることもできます。確実に寝ている時間にセットしておくと安心です。

ただし、家族の病気など、緊急の連絡が鳴るように、着信だけオンにしたり、連絡先のよく使う項目に登録している人だけを鳴らすことも可能。

「繰り返しの着信」を許可にすると3分以内に2度の着信があった場合に通知できます。

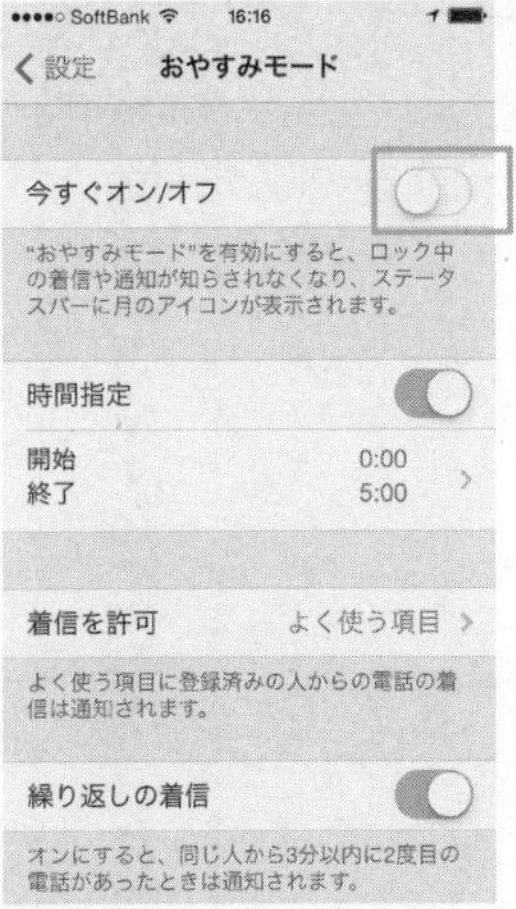

①「設定」→「おやすみモード」で設定できます。

②おやすみモード中は、画面上部に三日月のマークが表示されます。

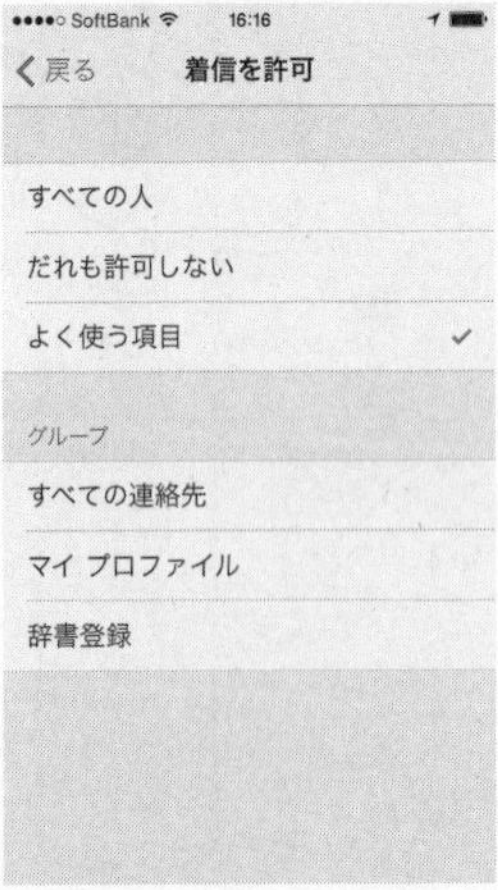

「着信を許可」で特定の条件に合致した人の着信を鳴らせます。

24 通知を見やすく並べ替える

iPhoneの画面の最上部を上から下へスワイプすると表示される「通知」。天気や今日の予定がひと目でわかるのは便利ですが、表示する内容が増えてくると、スクロールしなければ見えなります。そこで、表示する情報の順番を入れ替えるテクニックを紹介します。

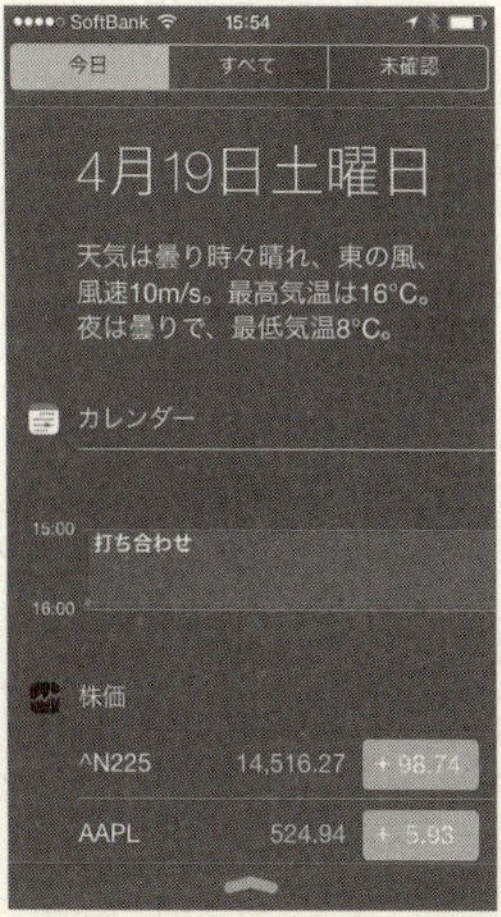

画面を上から下にスワイプすると表示されるのが「通知」です。

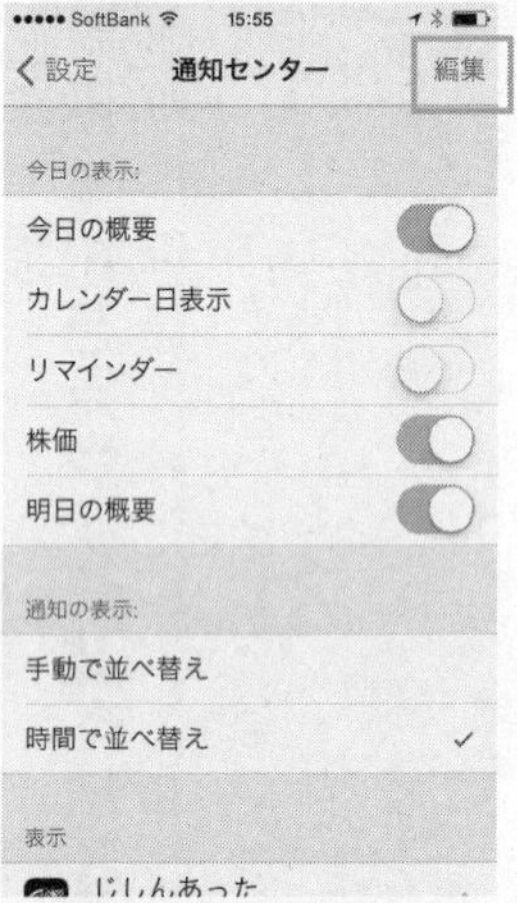

①順番の変更は「設定」→「通知センター」で右上の「編集」をタップします。また、ここでスイッチをオフにした内容は通知されなくなります。

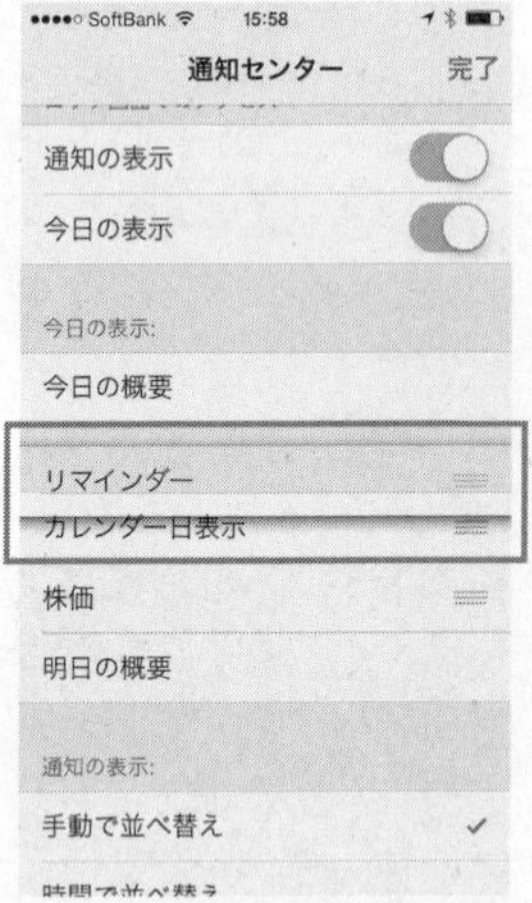

②各項目の右が「═」になったらドラッグで順番を変更できます。

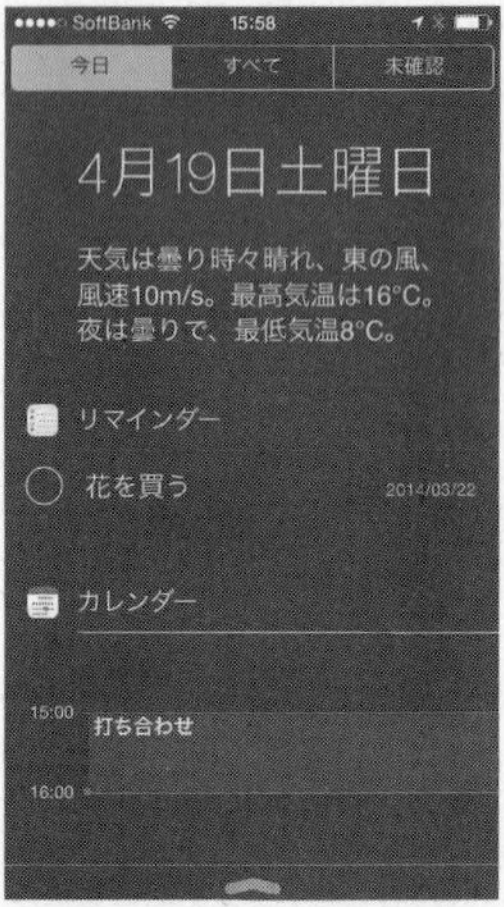

③順番を入れ替えたり、新たな通知を表示できるようになりました。

25

純正イヤホンの裏ワザ

ｉＰｈｏｎｅの純正イヤホンには、小さなボタンが付いています。このボタンを使ったワザを紹介しましょう。「＋」で音量上げや、中央ボタンで停止・再生のようなわかりやすい機能は省略します。

●次の曲へスキップ
……中央ボタン２回押し

●今聞いてる曲の頭に戻る
……中央ボタン３回押し
（※再生中に押す）

●前の曲に戻る
……中央ボタン３回押し
（※再生が進んでいない状態で押す）

●早送り
……中央ボタン２度押し続け

●巻き戻し
……中央ボタン３度押し続け

●電話に出る／切る
……中央ボタン１度押し

●着信拒否
……中央ボタン２秒長押し

●撮影
……カメラを起動してから、音量ボタンを押す

●Siri／音声コントロールの起動
……中央ボタン長押し

26 なくしたiPhoneを探す

万一、ｉＰｈｏｎｅをなくしてしまっても探せる機能が用意されています。ＧＰＳを利用して、ｉＰｈｏｎｅの現在位置を大まかに特定するのです。

例えば、机の引き出しに入っている――といった完璧な特定は無理ですが、自宅や会社にあることはわかります。レストランに置き忘れたこともチェックできるでしょう。

普段は使わない機能ですが、万一に備えて有効にしておきましょう。

ｉＰｈｏｎｅをなくした場合には、（当然手元にはｉＰｈｏｎｅがないので）パソコンのブラウザから探すのがベストでしょう。ここでは、その使い方も簡単に紹介していきます。もしなくしてしまったら、このページを開いて、所在地を確認してみてください。

なお、リモートでロックすることも可能なので、盗まれたりしても対応が可能かもしれません。普段から機能をオンにしておきます。

①「設定」→「iCloud」をタップします。

②画面下の「iPhone を探す」をオンにします。これで、iPhone の準備は完了です。

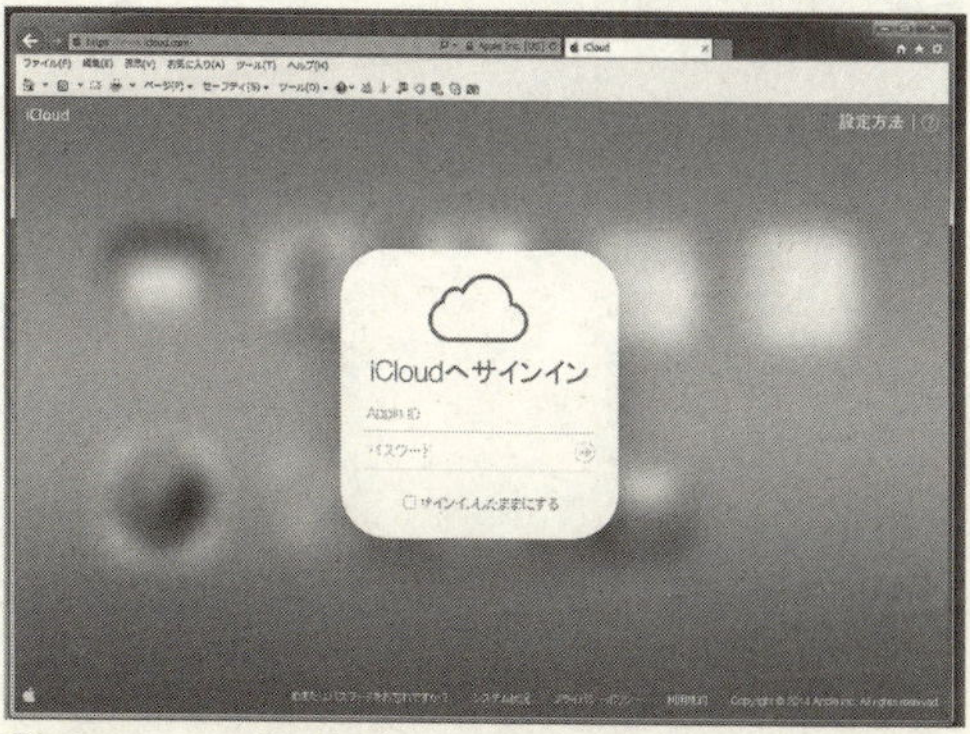

③パソコンのブラウザーで https://www.icloud.com にアクセスし、iPhone と同じアカウントでログインします。

④ iCloud のメニューから、「iPhone を探す」をクリックして実行します。

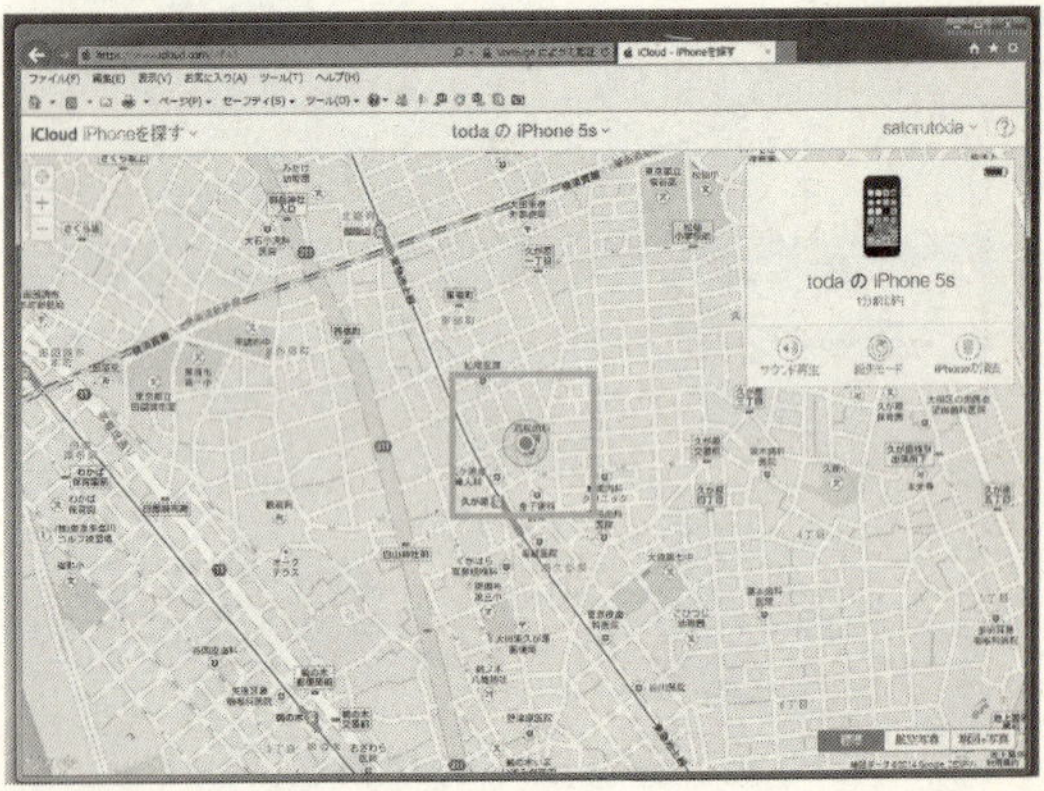

⑤ iPhone の位置が地図上に表示されます。音を鳴らすとより見つけやすいでしょう。盗難などの際には iPhone をロックしたり消去もできます。

27 もっと安全にｉＰｈｏｎｅを使う

ｉＰｈｏｎｅには起動時にパスコードを設定できます。標準では4桁ですが、ちょっと心配な方は、もっと数を増やすことができます。6〜8桁程度にしておくと、万一落とした際にもより安心です。画面はｉＰｈｏｎｅ5ｓです。指紋認証があるので、他のモデルとは多少メニューが異なっています。

ちなみに、パスコードを間違って入力し続けると、一定時間ｉＰｈｏｎｅが使えなくなります。くれぐれも忘れないようにしてください。

①「設定」→「Touch IDとパスコード」をタップします（ｉＰｈｏｎｅ5の場合は「パスコード」をタップ）。

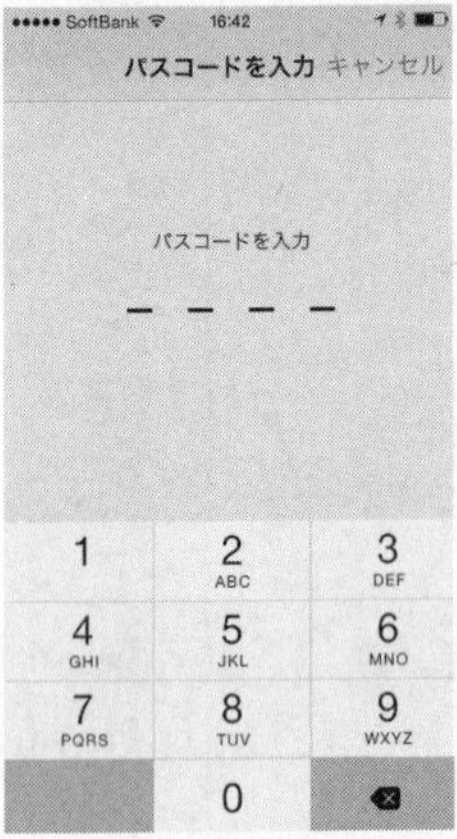

②現在使っているパスコードを入力します。

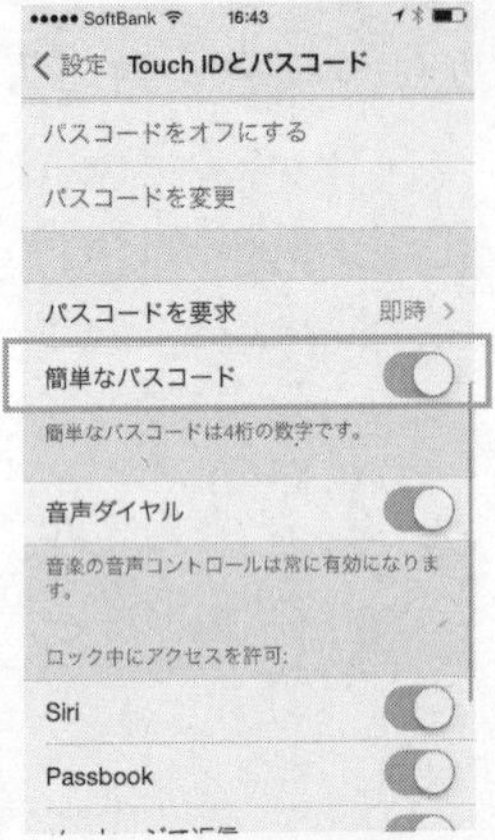

③「簡単なパスコード」をオフにします。

④新しいパスコードを設定します。

⑤iPhone起動時に入力するパスコードのケタが増えています。

28 指紋認証の反応をよくする

iPhone5sはホームボタンに指紋センサーが搭載されています。指で触れただけでパスコードを解除できるなど、なかなか便利。ところが、反応が悪くて使いづらいという方も少なくありません。そんなときには、同じ指を繰り返し登録して精度を上げるのがよく知られているワザです。追加登録では、指を当てる角度を若干変えてみてもよいでしょう。

①「設定」→「Touch ID とパスコード」をタップします。使っているパスコードを入力します。

②この画面が開いたら、「指紋を追加」で同じ指を登録していきます。

29
操作に困った時のスゴ技

ｓａｆａｒｉのブックマークに取り扱い説明書（ユーザガイド）が登録されています。しかし、1台のｉＰｈｏｎｅで説明を見ながら操作するのは大変です。そこで、パソコンの画面でマニュアルを表示するのがおすすめ。手元のｉＰｈｏｎｅを操作しながら閲覧できます。マニュアルはアップルのホームページから簡単に開けます。ＰＤＦ形式のファイルですが、一般的なブラウザで表示できますから、機種を問わず使えるはずです。操作に迷ったらぜひ使ってみてください。

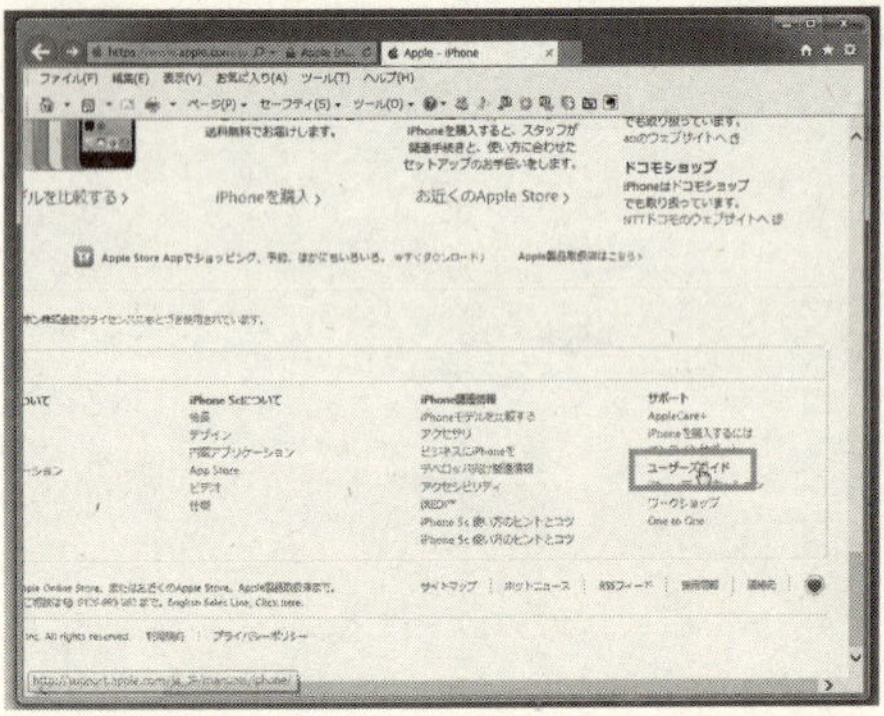

①アップルのホームページの iPhone のページを開いたら、右下の方に「ユーザーズガイド」があるのでクリックします。

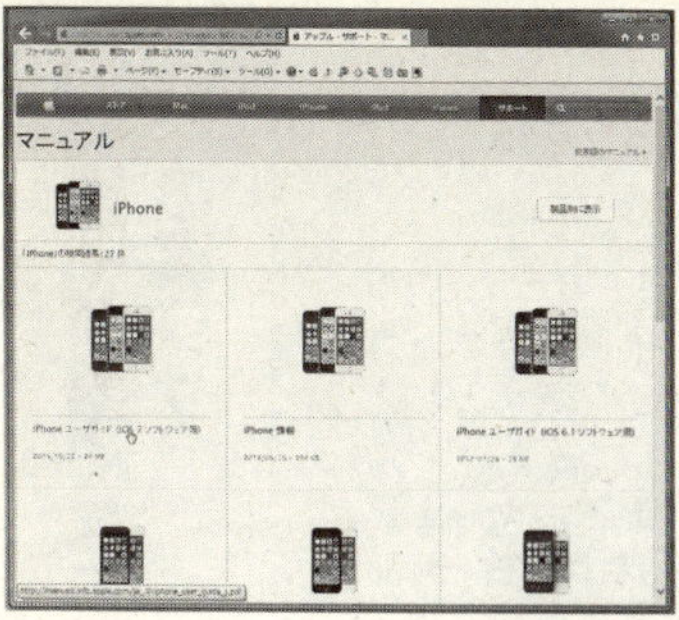

②自分が使っている機種にあったガイドをクリックして開きます。

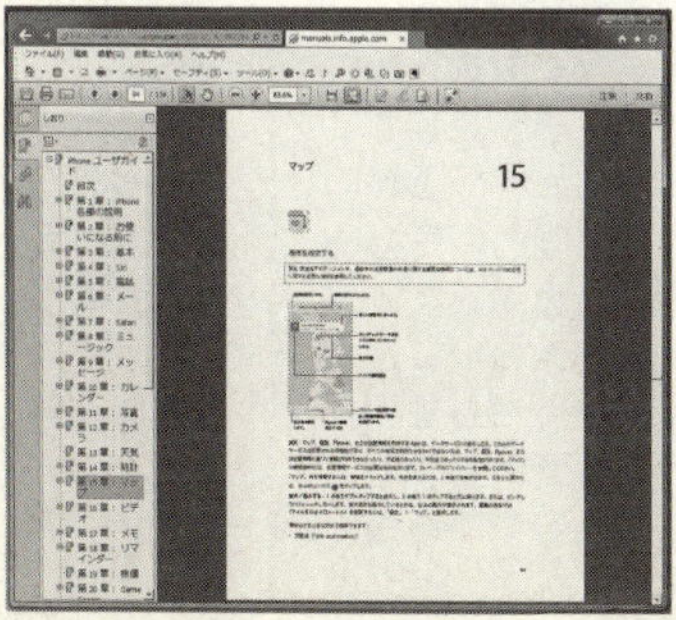

③ユーザガイドが開きました。パソコンの画面なら大きく表示されて見やすいです。

30 調子が悪くなったときの裏ワザ

iPhoneの調子が悪くなったら電源を入れ直してみましょう。電源ボタンを長押しして、画面のメニューでオフにします。少し待って、再度電源ボタンを押すと起動します。

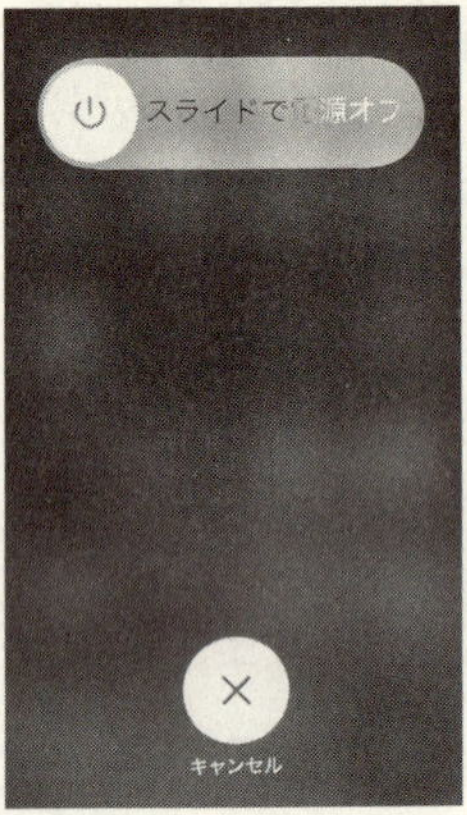

31 修理に出す前にやるべき㊙ワザ

電源ボタンとホームボタンを押し続け、このマークが表示されたら手を離して待ちます。これで強制的に再起動します。なお、編集中のデータは消えてしまうことがあるので注意してください。

32

バッテリー長持ちテク①

メールの受信を時間制限する

これから、バッテリーを長持ちさせるためのテクニックを合計7つ紹介します。基本的な定番テクニックも含みますが、どれもそれなりに効果があります。

1つ1つでは、延長があまり感じられなくても、すべてオンにするとちょっと長持ちするはずなので、試してみてください。

とはいえ、バッテリーを長持ちさせるためには、いくつかの機能を我慢する必要があります。7つの機能から自分で妥協できるものを選ぶのが最良です。

最初は、メールの節電方法です。難しい説明は避けますが、メールの自動受信にはプッシュとフェッチという2つの方法があります。

プッシュはバッテリーをたくさん消費するので、フェッチにするのがおすすめです。さらにメールをチェックする間隔を長くすることで、バッテリーの持ちがよくなります。

プッシュをオフにして、さらに受信間隔を長めに設定してみてください。

①「設定」→「メール／連絡先／カレンダー」をタップします。

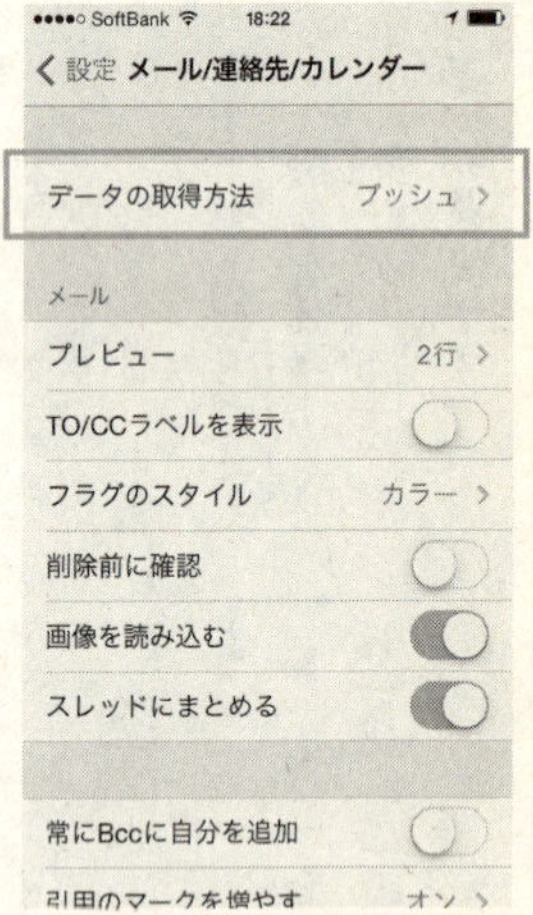

②「データの取得方法」をタップします。

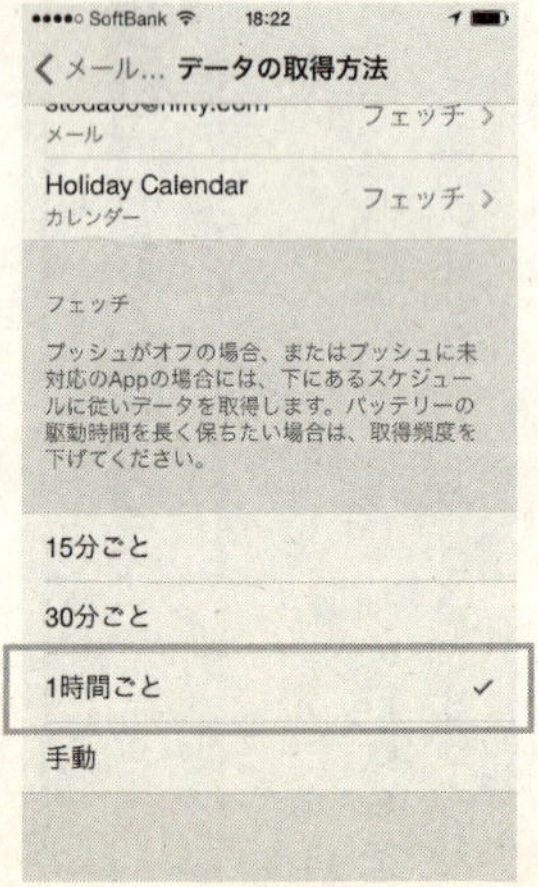

③メニューの最上段のプッシュをオフにします。さらに、最下段で受信間隔を長めに指定します。

33 バッテリー長持ちテク②
画面を暗くする

画面は、バッテリーを使ってバックライトを光らせています。明るくすればするほど消費が激しくなります。自分がギリギリで見やすい明るさに調整しておくのがベストです。周囲の明るさによって見やすくする自動調整もオフにしておくとよいでしょう。さらに、ロックすれば、自動で画面が消灯することになります。ロックするまでの時間を短くしておくのもバッテリーを保たせる方法のひとつです。

「設定」→「壁紙／明るさ」で明るさを低めに調整し、「明るさの自動調整」をオフにします。

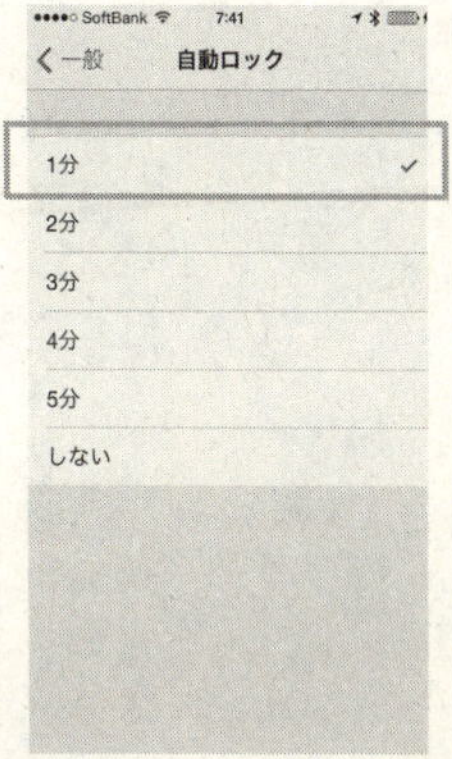

「設定」→「一般」で「自動ロック」の時間を短くします。

34 バッテリー長持ちテク③ 使わない通信機能をオフ

「通信」と聞くと、データ通信と思いがちですが、ｉＰｈｏｎｅは他にもたくさんの通信をしています。これらを使わないときにオフにするだけで電池が持つようになります。ＧＰＳ（位置情報サービス）、Ｂｌｕｅｔｏｏｔｈ、Ｗｉ‐Ｆｉの３つから、使わないものをこまめにオフにしたいところです。とはいえ、Ｗｉ‐Ｆｉはひんぱんに使うので、他の２つを使うときにだけオンにするように心がけておくとよいでしょう。

Bluetooth は「設定」→「Bluetooth」でオフにできます。

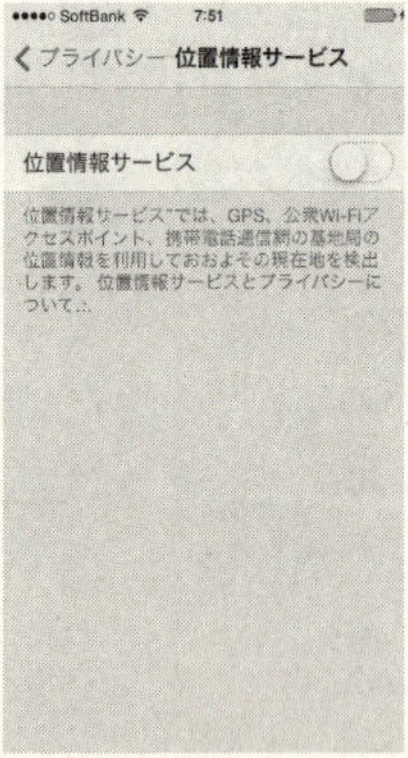

GPS は「設定」→「プライバシー」→「位置情報サービス」でオフにします。

35 バッテリー長持ちテク④ 見た目をちょっと地味にする

iPhoneには動く壁紙や、アイコンが浮かび上がったように見える機能が搭載されています。これらをオフにすることで、バッテリーの消耗を押さえられます。まず、「視差効果を減らす」をオンにすると、アイコンが浮かび上がるように動く機能がなくなります。また、壁紙は「ダイナミック」ではなく「静止画」を選ぶとよいでしょう。若干、地味でつまらなくなりますが、バッテリーの持ち優先ならちょっと我慢してみませんか。

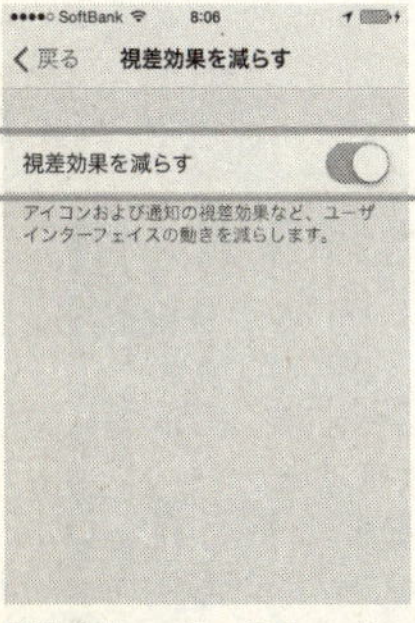

「設定」→「一般」→「アクセシビリティ」で「視差効果を減らす」をオンにします。オフではなくオンなので気をつけてください。

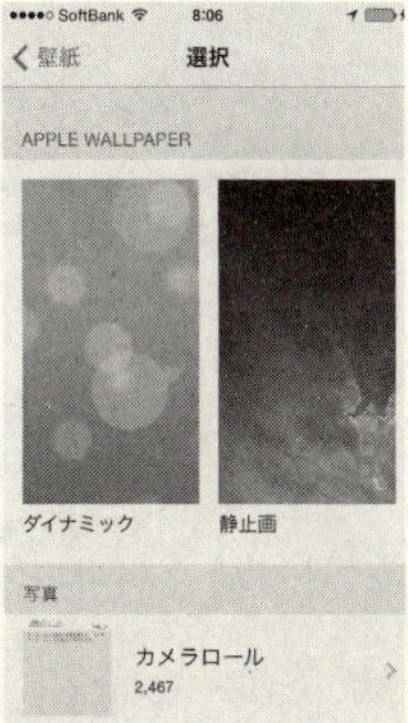

「設定」→「壁紙／明るさ」→「壁紙を選択」で「静止画」から壁紙を選びます。

36

バッテリー長持ちテク⑤

アプリを利用する

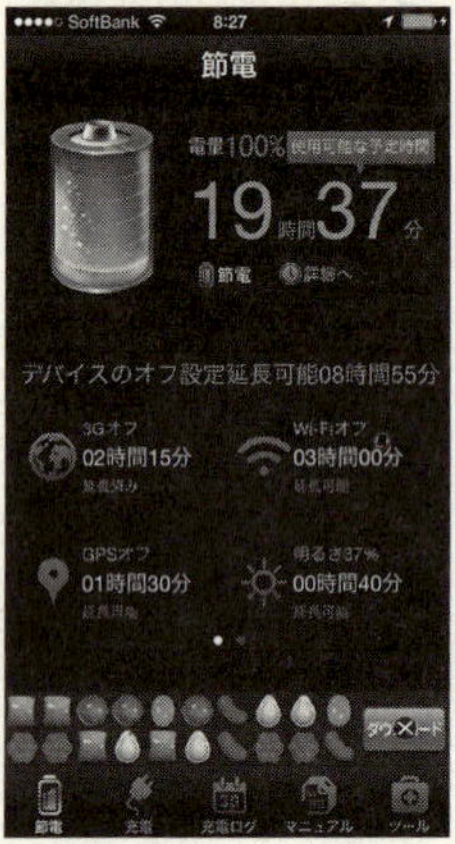

バッテリーを効率的に使うアプリが多数登場しています。例えば「バッテリーマニア」（無料）は各種機能をオフにするとどの程度利用時間が延びるか表示します。

37

バッテリー長持ちテク⑥

短時間で充電する

急いで充電をしたいときには、電源を切るのが一番です。ただ、ちょっと面倒だと思うなら、機内モードにするだけでも多少の効果はあるはずです。

2章

たった1秒の「入力」ワザ

——サクッと書けるイラつかない

38 キーボードをシンプルにする

iPhoneでは、小さなスクリーンキーボードで文字を入力することになります。パソコンなどに比べると使いづらくて、長文を入力すると肩がこります。2章では、少しでも快適に入力するためのワザを紹介していきます。まずは、基本設定のキーボードの追加を確認しておきましょう。使わないキーボードは表示しないように設定しておくと、切り替えがスムーズです。特に日本語キーボードはローマ字とかな（フリック）があります。使わないものは削除しておきましょう。

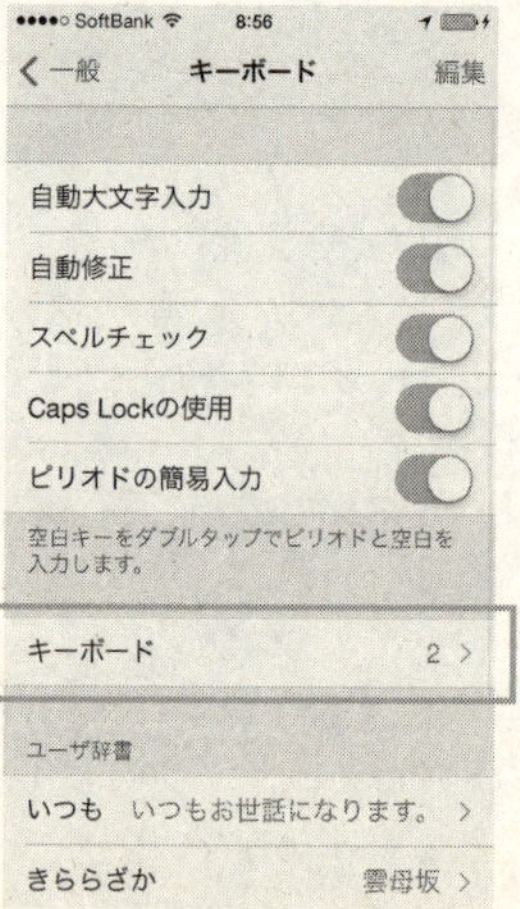

①キーボードの設定は､「設定」→「一般」→「キーボード」をタップする。表示されている数字が登録しているキーボードの数です。

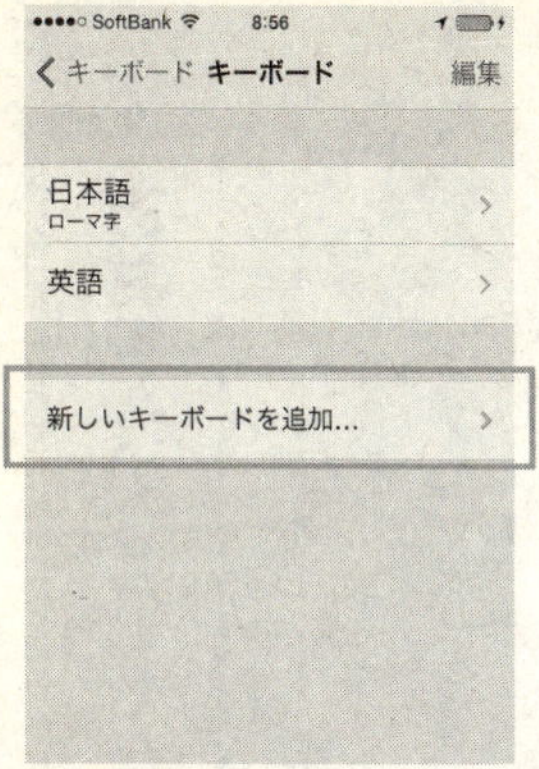

②この画面からキーボードを追加・削除できます。

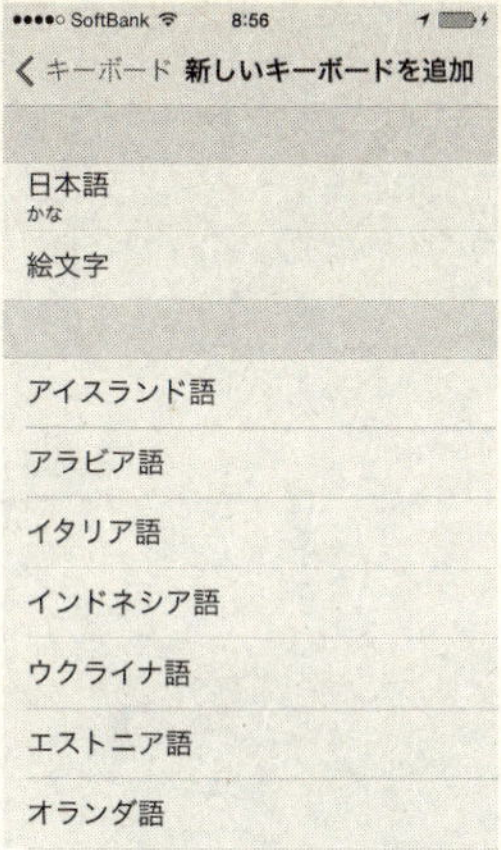

③キーボードを選んで追加します。日本語かながフリックです。

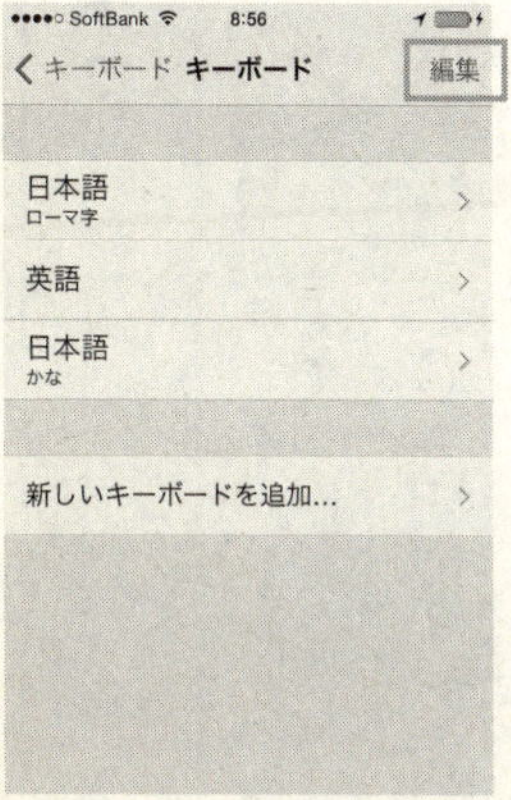

④キーボードを追加して3つに。削除は右上の「編集」をタップします。

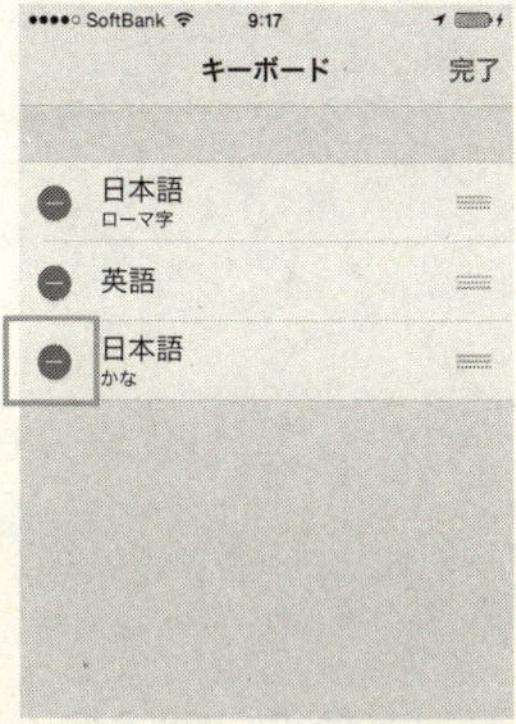

⑤キーボードに一方通行のマークが表示されるので、タップすれば削除可能。

39 おせっかいな自動入力をオフ

英語キーボードを使ってメールアドレスなどを入力したいときに、アルファベットをタイピングすると自動的に1文字目が大文字になるのがうっとうしいものです。また、勝手に文字の修正候補が表示されるのも面倒。これらは、英文の入力にはとても役立ちますが、日本語を入力していて、メールアドレスなどのみを英語で入力する際にはお節介です。早速オフにしておきましょう。

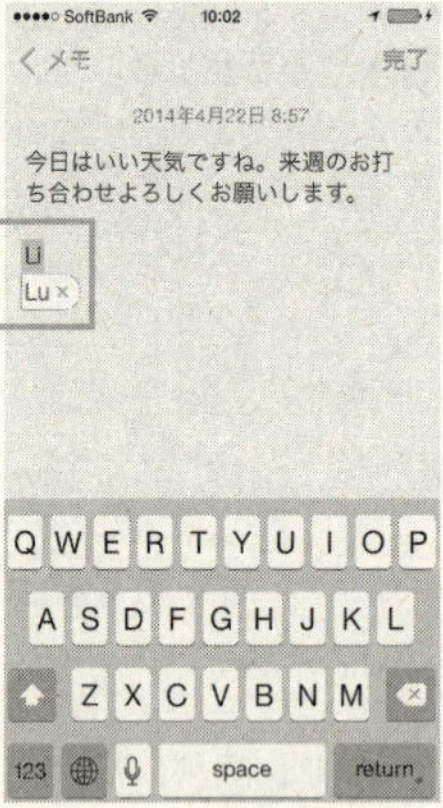

自動的に修正候補が表示されるのは面倒ですね。

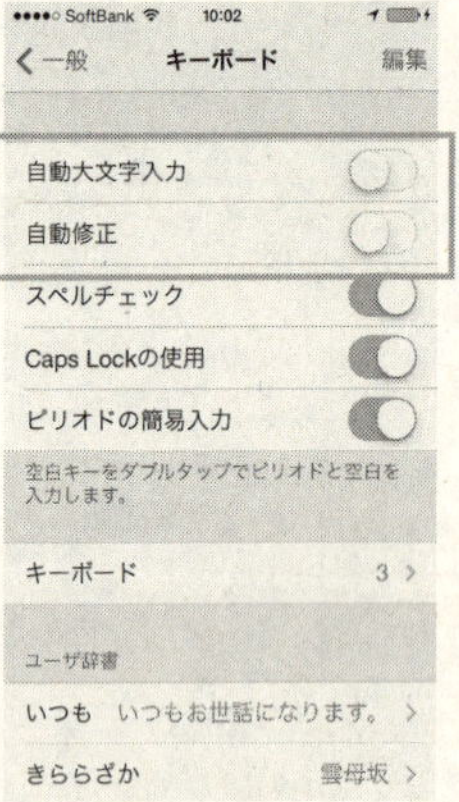

「一般」→「キーボード」→「自動大文字入力」と「自動修正」をオフにします。

40 キーボードを一瞬で切り替える

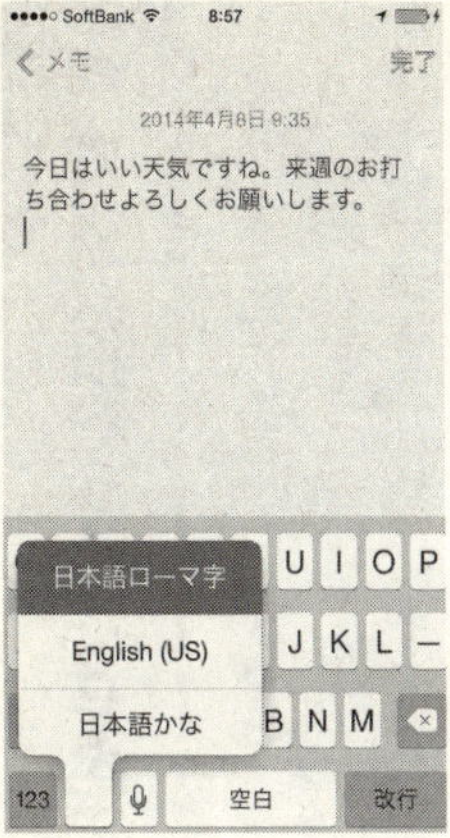

キーボードの種類を切り替えるときに、地球マークのキーを押していませんか？　キーボードの数が増えたときには繰り返し押すより、長押しで選ぶのが早ワザです。

41 読むときに邪魔なキーボードを隠す

キーボードが邪魔でメッセージが読みづらいときは、下にスワイプするとキーボードを隠せます。

42 妙な変換をやめさせるテクニック

iPhoneには利用者の変換を学習して、次から候補として呼び出す「予測変換」機能が搭載されています。例えば、「らーめん」と入力して「拉麺」を選ぶと、次から候補の最初に出てきます。便利なのですが、変な変換をしたりミスで確定すると使いづらくなります。そんなときは学習をリセットしておきましょう。

ちなみに「げきおこ」で変換すると「激おこぷんぷん丸……」という候補が表示されます。有名な裏ワザです。

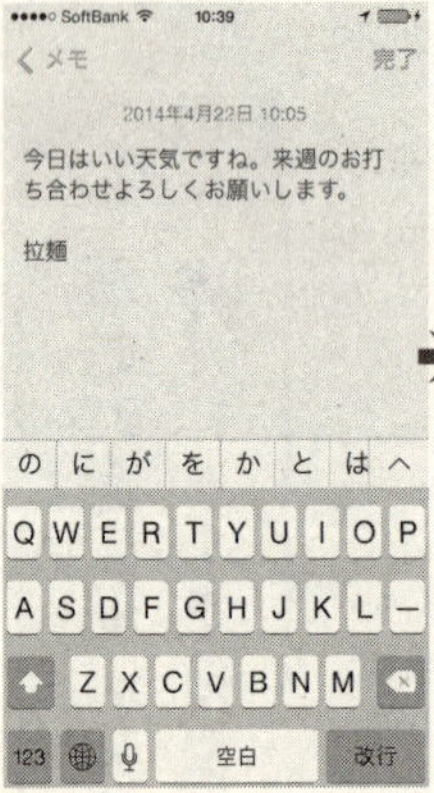

①「らーめん」で「拉麺」を選んで確定しました。

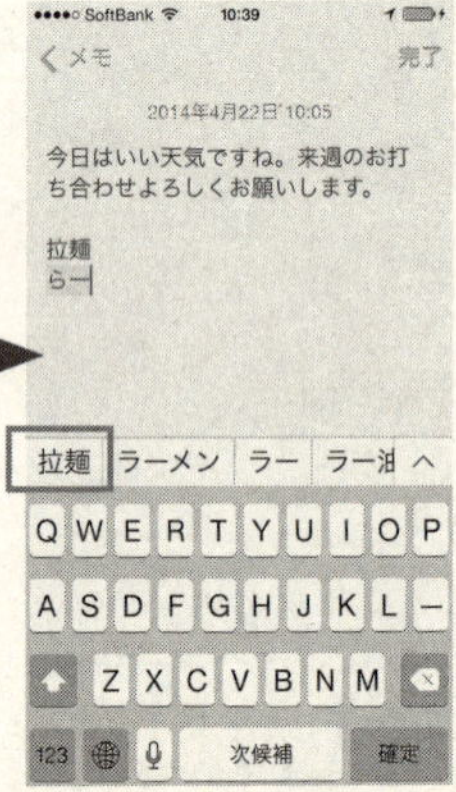

②次から候補の最初に「拉麺」が出ます。他にもどんどん学習していきます。

リセットするには…

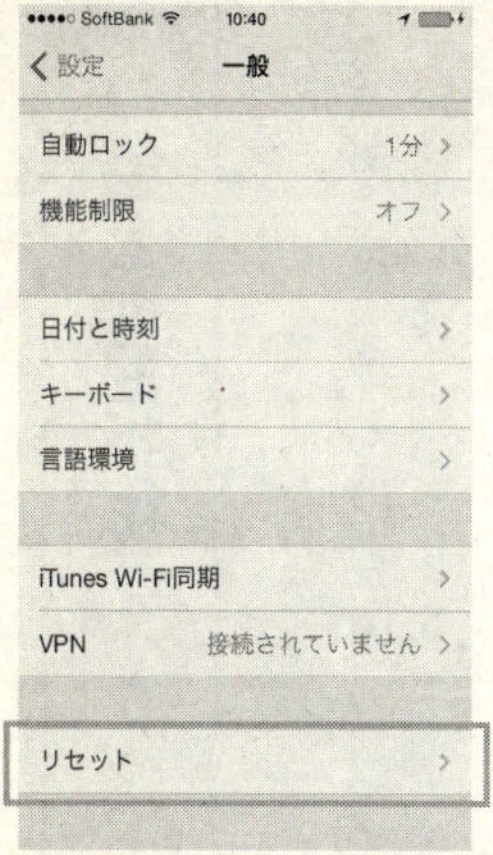

③予測変換をリセットするには「設定」→「一般」→「リセット」をタップします。

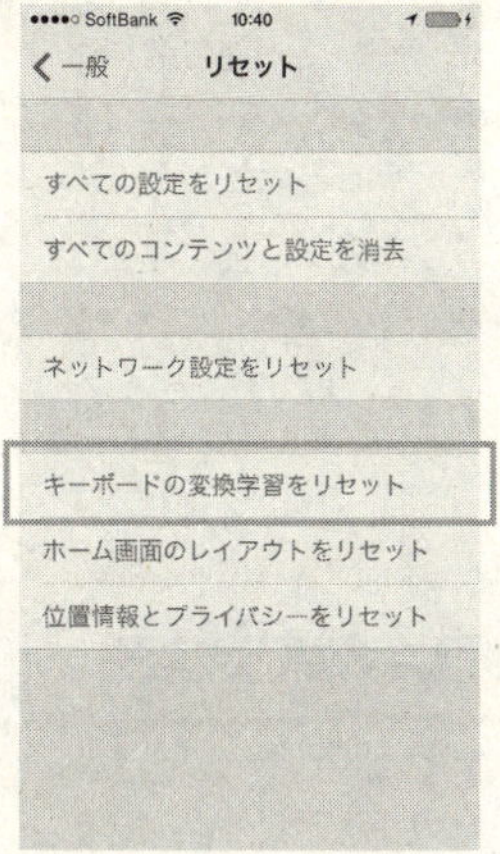

④「キーボードの変換学習をリセット」をタップしてリセットできます。

ちなみに…

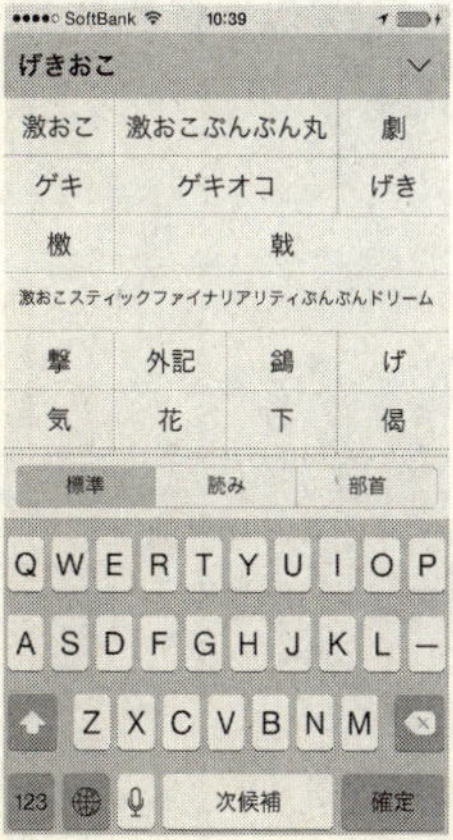

⑤「げきおこ」で変換すると……。有名なプチテクニックです。

43 一瞬で範囲指定するタップ技

文章をコピーして貼り付けるなど、文字列を範囲指定することはよくあります。ところがiPhoneの機能では、思い通りの位置が指定できなくてイライラすることも。技を身につけて、気分よく作業しましょう。アプリによって異なりますが、基本的に自分で作成した文章ではほとんどが利用できます（もらったメールやブラウザの文章はできない場合が多いです）。最初は、タップ技。長押しもしくは2回タップで単語を選択でき、2本指タップで段落の指定が可能です。

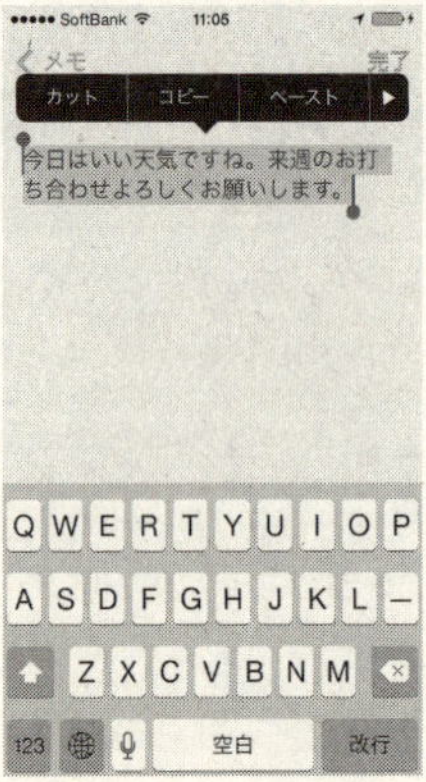

2本指でタップすると、一気に段落を範囲指定できます。

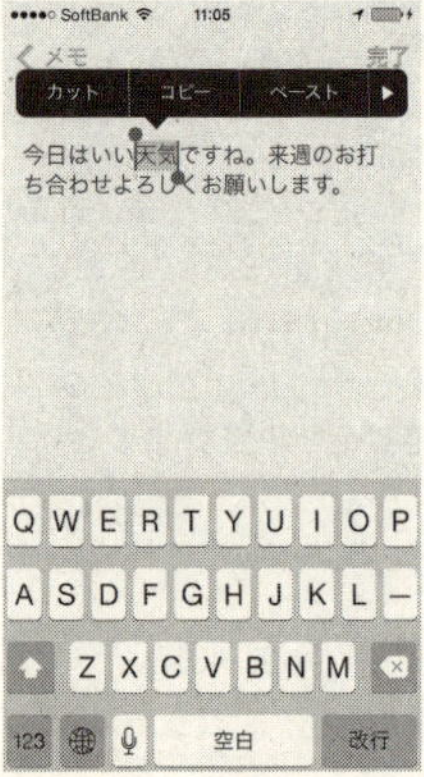

2度タップで単語を選択できます。

44 ラクラク範囲指定のスライダー技

文字列の範囲指定をする際には、目的の部分を長押しして、メニューが表示されてから「選択」をタップしてスライダーを動かす――というのがよく知られた方法です。

ところが、もっと簡単で素早い方法があるので紹介します。範囲指定をしたい文字列の始点をダブルタップして、そのまま指を終点までスライドさせるのです。驚くほど手っ取り早いので一度試してみてください。

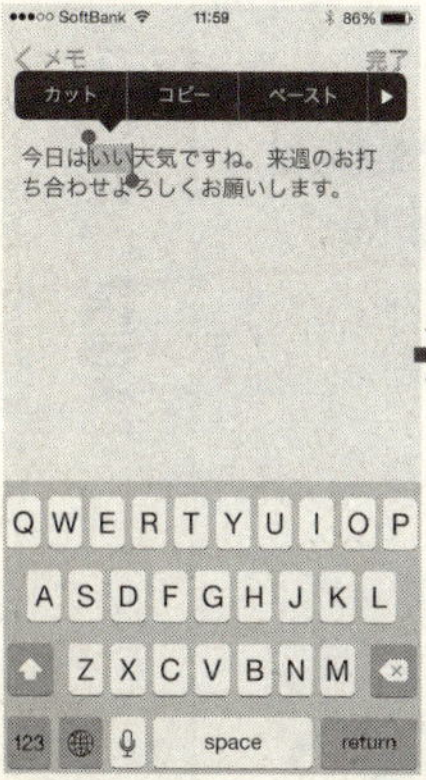

①範囲指定をスタートしたい位置をダブルタップします。

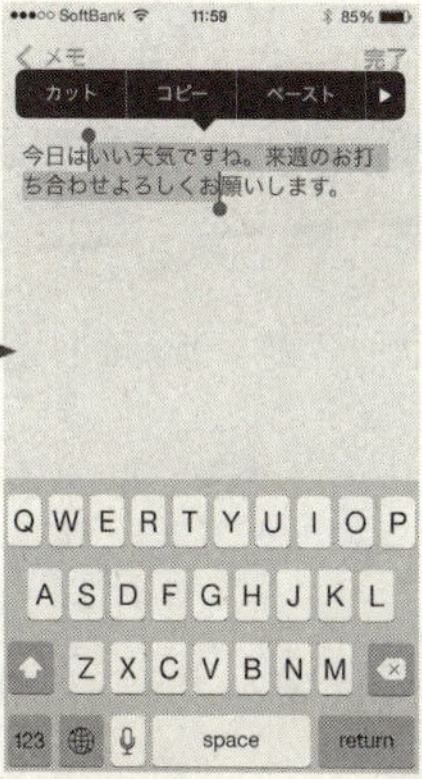

②そのままスライドすると範囲指定できます。始点の調整はスライダーで行います。

45 たっぷりの文字数をイッキに範囲指定

ある程度の文字列を一気に範囲指定するなら、もっと簡単な方法があります。自分が指定したい範囲の終点と始点を、2本指で長押しします。これはよく知られたワザですが、実は欠点があります。指が太いために始点と終点をきっちり指定できないのです。とはいえ、このワザは十分に有効です。とりあえず2本指の長押しで、大まかな範囲を指定したら、後はスライダーを動かして微調整すれば良いのです。1本指で作業するよりはるかに早く作業できます。

範囲指定したい文字列の先頭と終点を２本指で同時に長押しします。

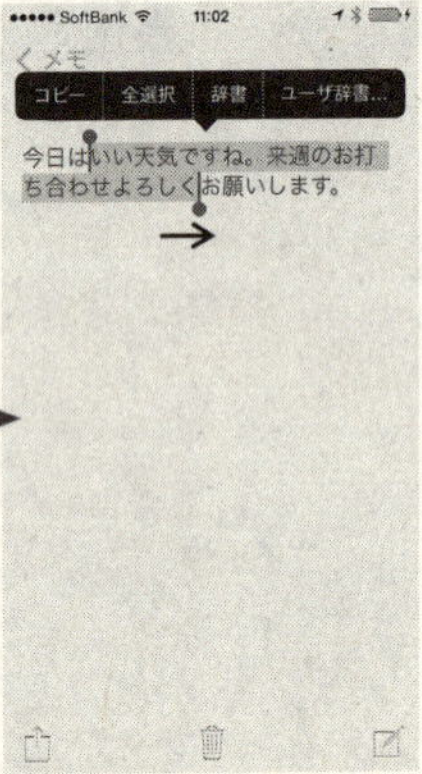

微調整はスライダーを動かします。

46 1文字を〝しっかり〟選ぶ

メールの文面などで文字を間違えた場合、1箇所だけ修正したくなります。ところが、思い通りの位置にカーソルが動かなくてイライラしませんか? iPhoneは単語単位でカーソルを移動するようになっています。タップすると単語の末尾を選択するのです。これでうまく範囲指定ができないなら、タップする際にそのまま長押ししてください。画面上に虫眼鏡が表示され、1文字ずつカーソルを移動できるようになります。

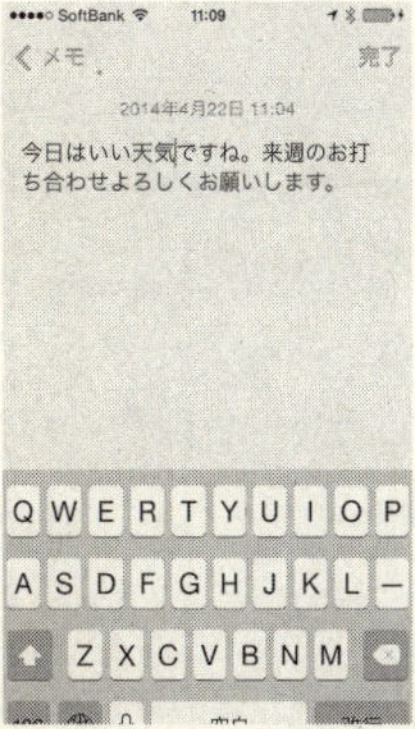

文字列をタップすると単語単位での範囲指定となり、思い通りの箇所に動かしづらいでしょう。

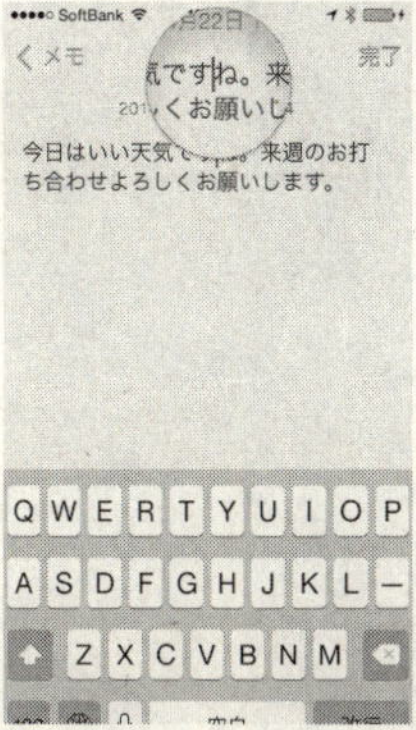

タップしたまま長押しすると虫眼鏡が表示され、1文字ずつカーソルが動かせるようになります。

47 〝振るだけ〟でミスを取消！

入力を間違ったときには、バックスペースキーを押して消していませんか？　この方法ではちょっと手間がかかるので、もっと簡単な取り消し操作を紹介しましょう。

間違えたらｉＰｈｏｎｅを軽く振るだけでいいのです。画面に取り消しメニューが現れるので、「取消」をタップすると操作がなかったことになります。もう一度振ると、やり直しになり取り消しを無効にできます。振りすぎてｉＰｈｏｎｅを落とさないように気をつけましょう。

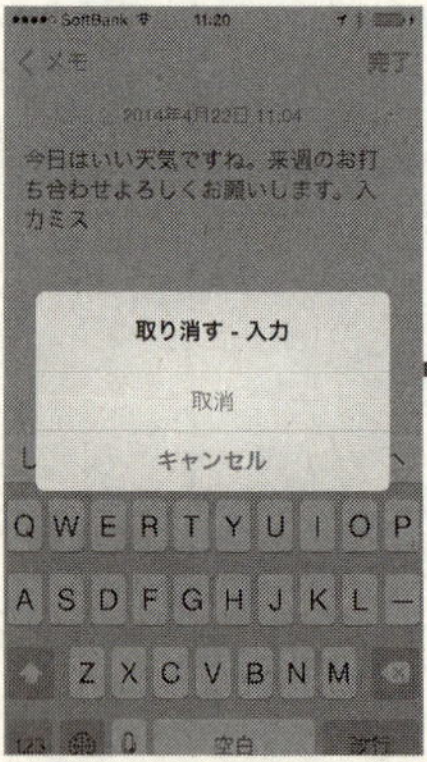

①間違って入力したら本体を軽く振ると「取消」のメニューが表示されます。

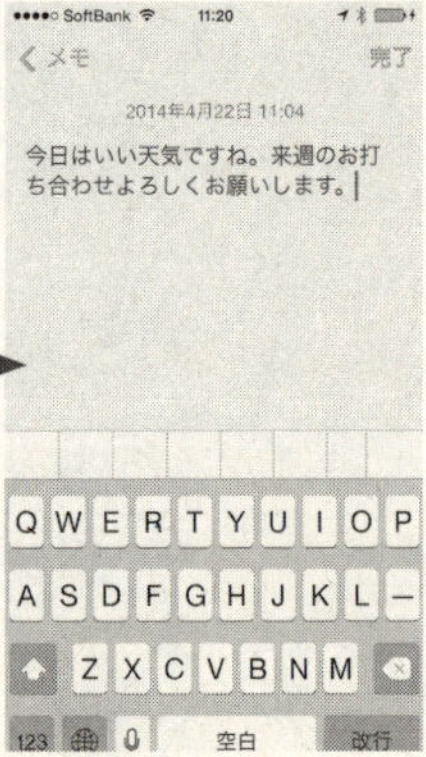

②間違った文字列などを一気に消せます。

48 全角と半角を瞬時に切り替え!

日本語ローマ字キーボードで、英数字を入力する場合には、半角文字を入力したいことがあります。こんな時には、いちいち英語キーボードに切り替える必要はありません。

各アルファベッドキーボードを長押しすると、半角と全角の選択ができます。また、英語キーボードでは、長押しで特殊な文字の入力ができます。暇なときに試してみてください。

日本語、数字キーボードを長押しすると全角と半角が切り替えられます。

英語キーボードでは特殊な文字が入力できるので、遊び半分で試してみてください。

49 レアな記号をいち早く入力する

見慣れない記号の入力で困ることがあります。例えば、「¿」「・」など。これは基本機能なのですが、ぜひ覚えておいてください。キーボードを数字に切り替えたら左下の「#+=」を押すと、さらに別の記号キーボードが表示され入力できます。また、「?」キーを長押しすると逆さまの記号も入力できます。面白い機能が隠れているので、試してみましょう。

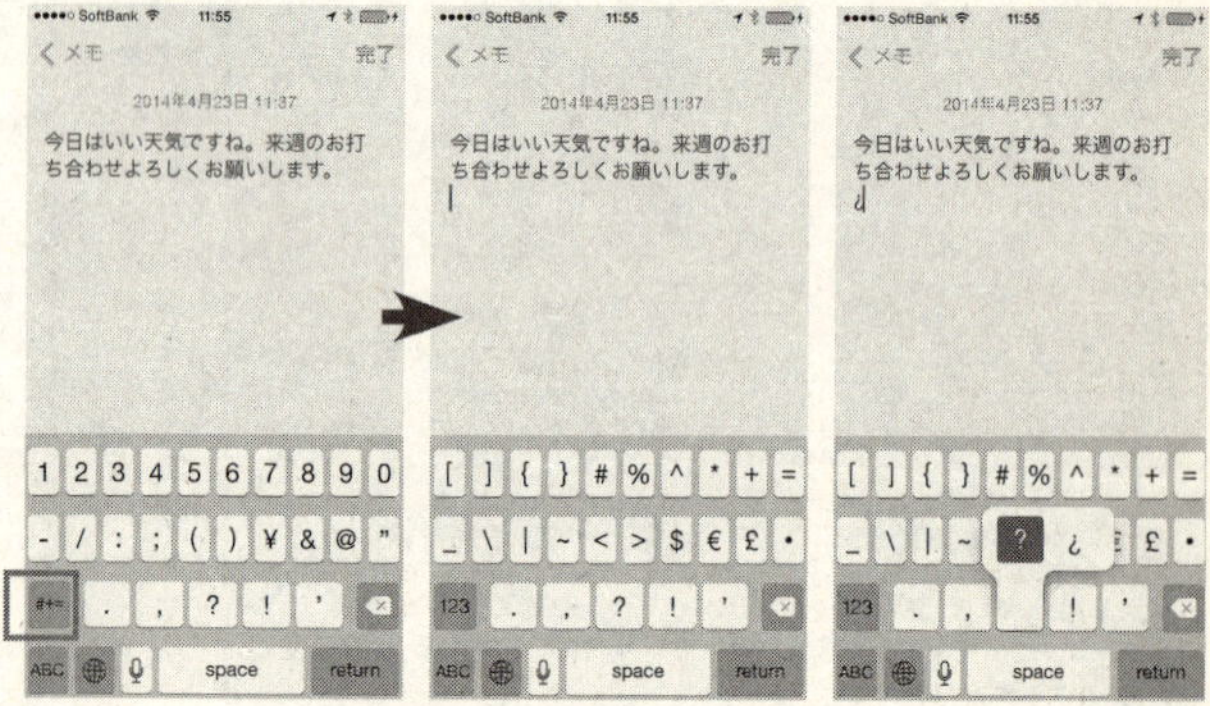

①左下の「#+=」を押します。

②アンダバーなどを入力できるキーボードが表示されました。

「?」の長押しで、逆さまの記号が入力できます。

50 アドレス・URLを一発で入力する

メールアドレスやブラウザのURLを楽に入力できる機能を紹介しましょう。標準のメールアプリでアドレスを入力中に英語キーボードの右下に「.」が表示されます。ここを長押しすると「.co.jp」などが一発で入力できます。Safariでも、URLの入力時に「.」の長押しで同様に楽に入力できます。かなり役立つ1秒テクなのでぜひ覚えておきましょう。フリック入力でも数字に切り替えて、右下のドットをタップすると候補に現れます。

このワザはメルアド入力中に利用できます。

URL入力時にもピリオド長押しは使えますが、メモなどの入力では機能しません。

51

キーボードの切り替えなしで数字を入力!

日本語キーボード（ローマ字）を利用している際のコツを紹介します。「明日午後3時」などと入力する際には、いちいちキーボードを切り替えなければならないので数字の入力が面倒です。

ところが、キーボード左下の数字キーへの切り替えボタンを押したまま数字へとスライドすると、指を離すだけでローマ字キーボードに戻ります。

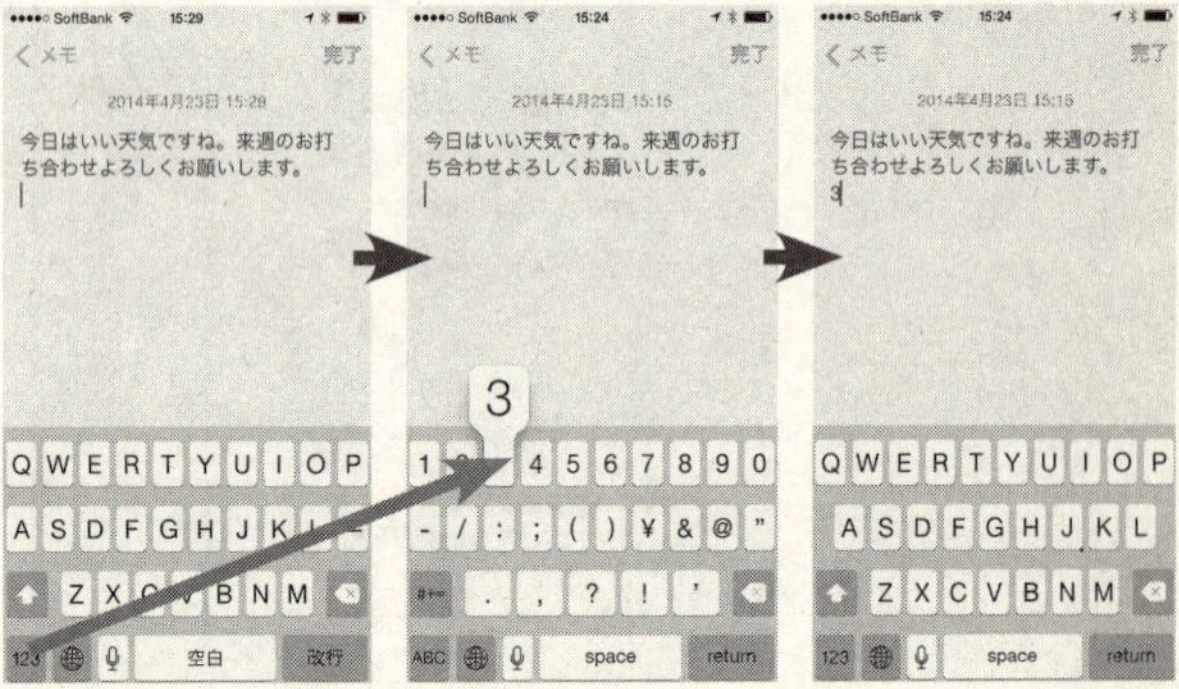

①数字キーを押したらそのまま入力したい数字まで、画面に触れたまま指を滑らせます。

②数字の上で指を離せば、入力後にローマ字キーボードに戻ります。

52 ピリオドを瞬間入力する㊙ワザ

英語キーボードを使っていると、数字キーに切り替えないとピリオドが入力できません。英文はもちろん、URLの入力などでもピリオドは使うのでちょっと不便ですね。

こんな時には、スペースキーをダブルタップしてみてください。あら不思議！ピリオドが入力できます。うまくできない方は、「ピリオドの簡易入力」の設定が有効になっていないので、早速切り替えてください。

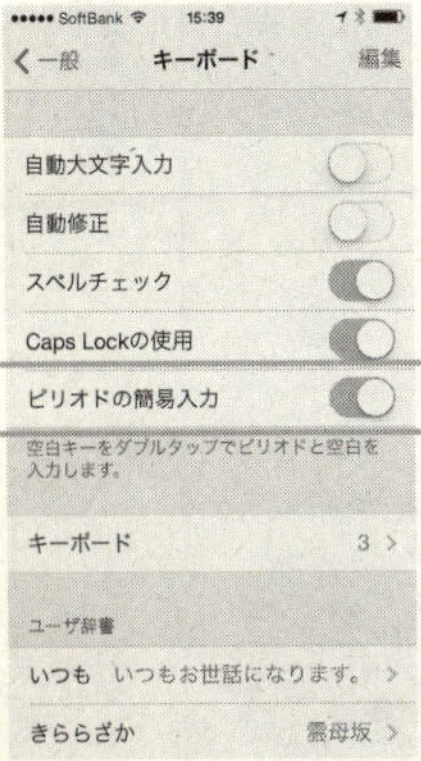

①「設定」→「一般」→「キーボード」→「ピリオドの簡易入力」をオンします。

②スペースキーのダブルタップでピリオドが入力できます。

53 大文字入力に1秒で切り替える

英語キーボードで大文字だけを入力したいことがあります。普通は、先頭の1文字だけが大文字になり、2文字目からは小文字になるように設定されているのです。

こんな時には、左にある「⬆」キーをダブルタップします。パソコンと同じようにCaps Lockが有効になり、大文字入力に切り替わります。この機能も設定が必要です。

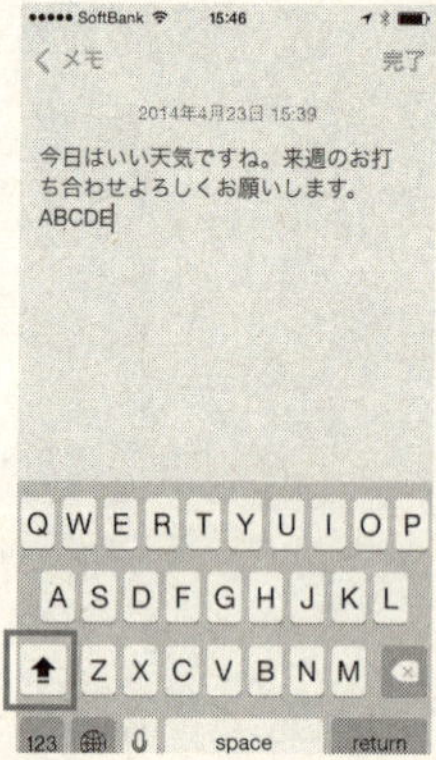

「⬆」をダブルタップすると、Caps Lockが有効になり、大文字だけが入力できます。

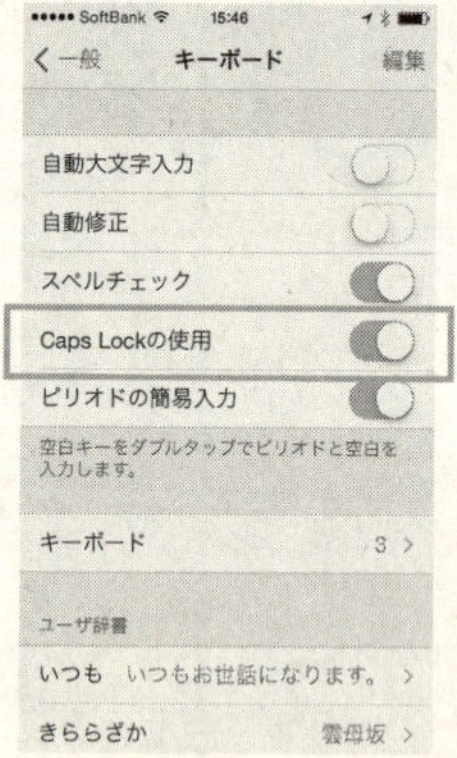

設定は、「設定」→「一般」→「キーボード」→「Caps Lock」をオンします。

54 「aa」「ああ」…同じ文字をスムーズに連続入力

フリック入力で同じ文字を入力しようとすると、ちょっと面倒です。例えば「あ」キーを連続でタップすると「い」が入力されてしまいます。

これが不便だと感じるなら設定を変更しておきましょう。「フリックのみ」にチェックを入れると、繰り返しタップしても同じ文字の入力になります。他の文字を入力する時は、指先を滑らせるフリック入力だけが使えます。

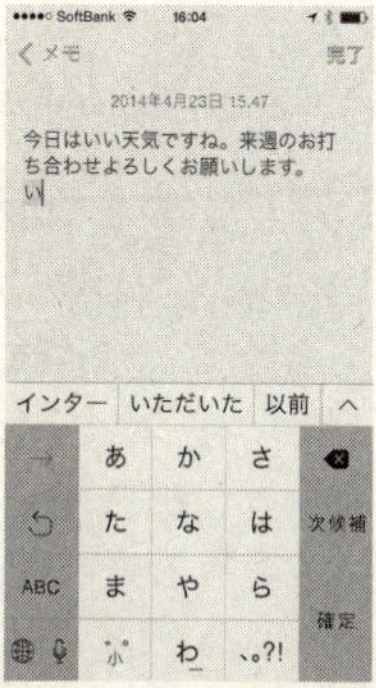

①「あ」キーを繰り返しタップすると次の文字が入力されてしまいます。

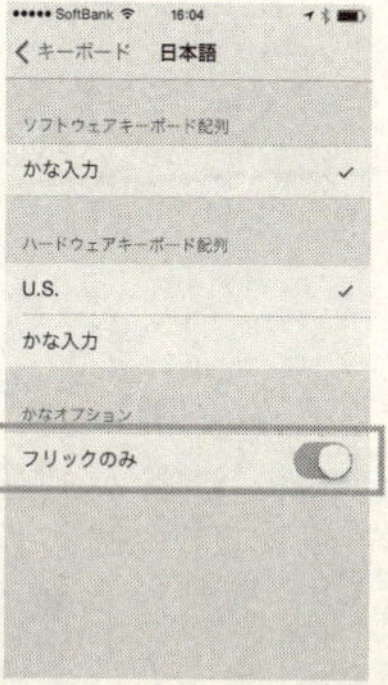

②「設定」→「一般」→「キーボード」→「日本語かな」をタップしてこの画面が開いたら、「フリックのみ」を選びます。

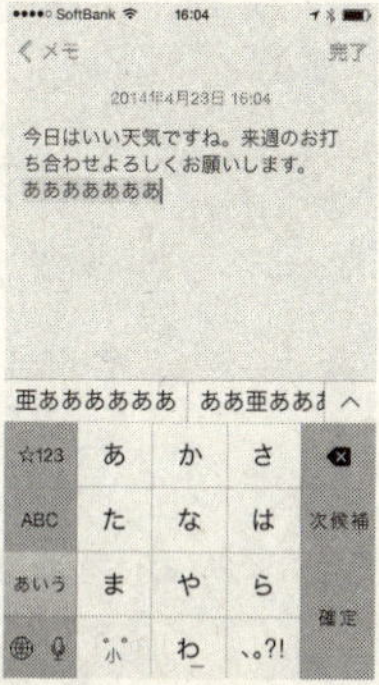

③同じ文字が繰り返し入力しやすくなりました。

55
「☆」「☂」…記号をさっくり入力

フリック入力でさまざまな記号を入力する方法を紹介します。

まず、左上の「☆123」をタップしてキーボードを数字に切り替えます。それぞれの数字の下に表示されている記号等が入力できます。各数字を左右等にスライドしてみてください。変換候補に類似の記号が表示されます。候補を表示するとたくさんの絵文字が現れるでしょう。

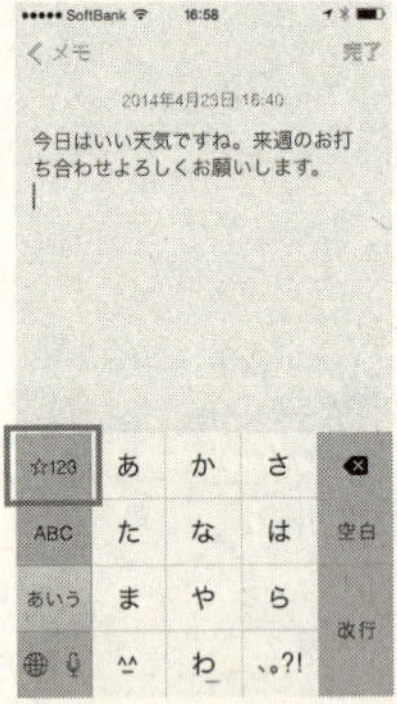

①フリック入力で、キーボードの左上「☆ 123」をタップします。

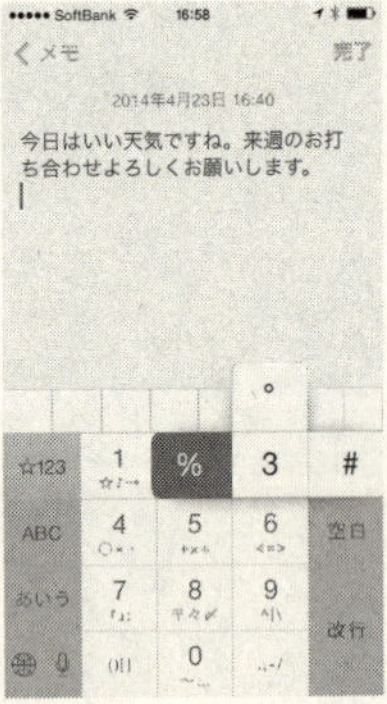

②数字を左右上などにスライドすると記号などを呼び出せます。

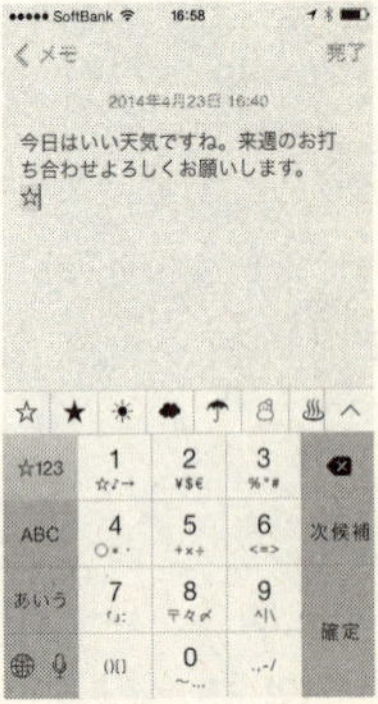

③候変換補から記号を選べば OK です。

56 絵文字をてっとり早く入力する方法

メールや各種のSNSに絵文字を入れたい時にはどうやって探していますか？　一番手っ取り早いのは変換で探す方法です。「えもじ」で変換するとたくさんの絵文字が候補で表示されます。もっと絞り込みたいなら、名前で変換してみましょう。例えば、「ばら」で変換すると、バラの絵文字が1つ表示されます。このように絵文字を示す言葉から変換するのが、実は手っ取り早い方法です。

「えもじ」で変換すると色々な絵文字が選べます。

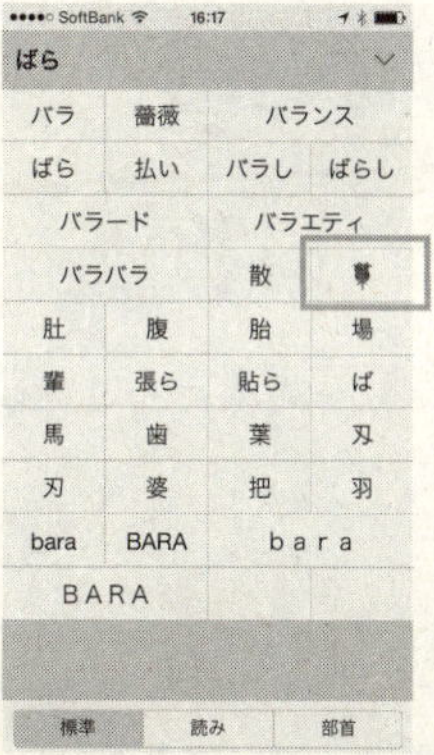

絵文字を表す名前でも呼び出せます。画面は「ばら」で変換したところです。

57 レアな顔文字を〝直観的〟に使う

ｉＰｈｏｎｅには標準で多くの顔文字が登録されています。それでも物足りないなら、専用のアプリを使うとよいでしょう。例えば、「かんたん顔文字登録・顔文字＋」は、１５０００個以上の顔文字が登録されていて、好みで利用できます。価格は１００円の有料アプリですが、使い勝手も良く種類も多いので、興味があったらインストールしてみてください。アプリの絵文字を選んで、標準の絵文字に登録して、色々なアプリで使うことも可能です。

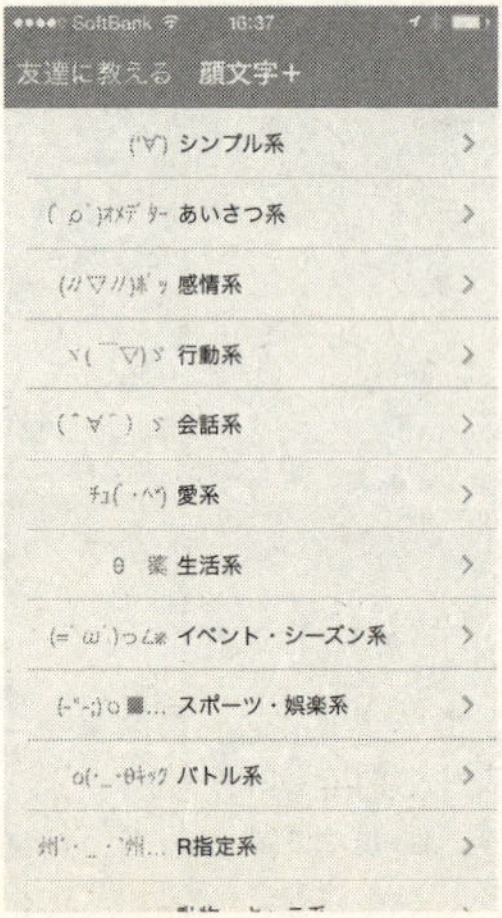

①「顔文字＋」には、カテゴリ別に多くの顔文字が登録されています。

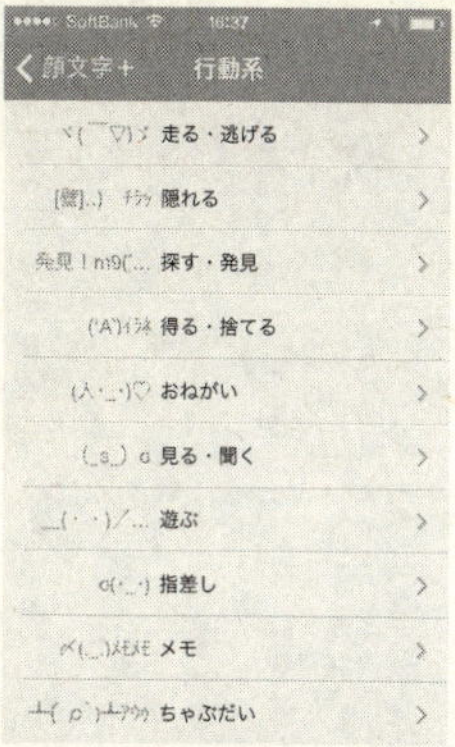

②カテゴリはさらに下部カテゴリに分かれていて選びやすいのです。

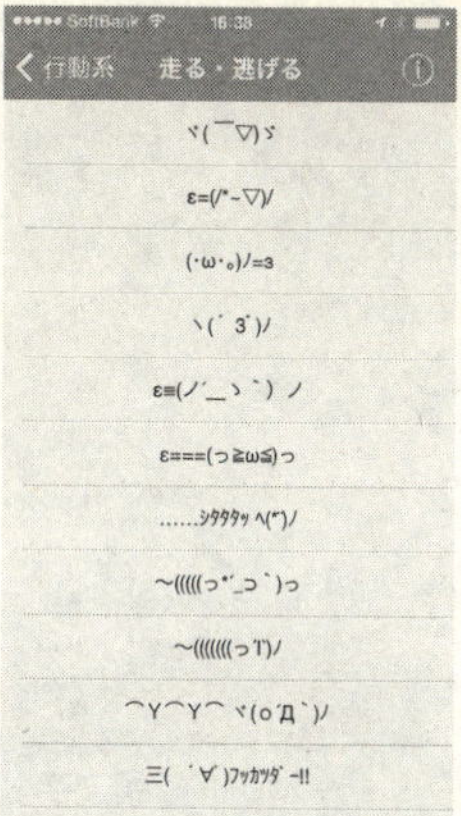

③気に入った顔文字を見つけたらタップします。

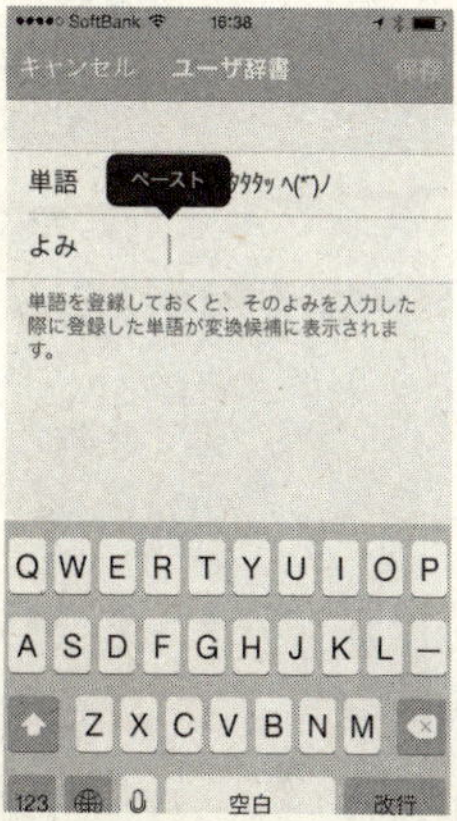

④この画面になるので、読みの部分を長押しして「ペースト」を実行します。

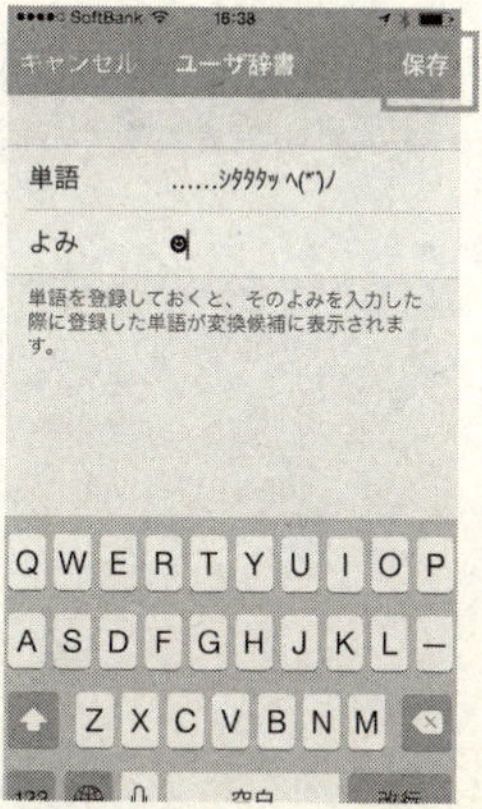

⑤読みに顔のマークが貼り付けられます。保存を押して完了。

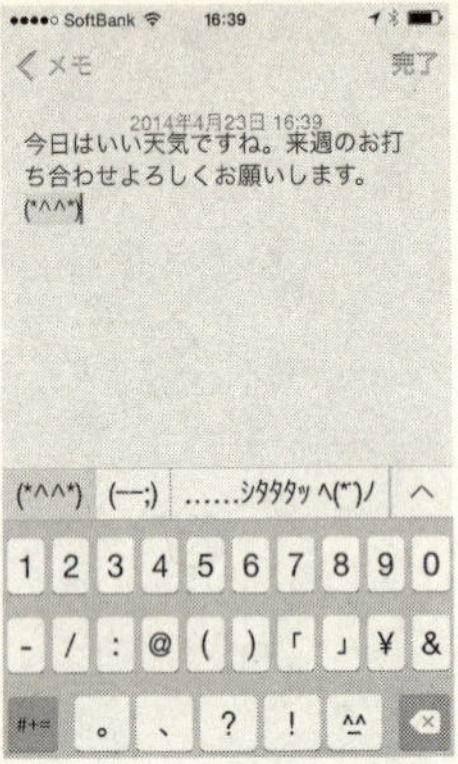

⑥キーボードの顔文字をタップすると候補にコピーした顔文字が入っています。

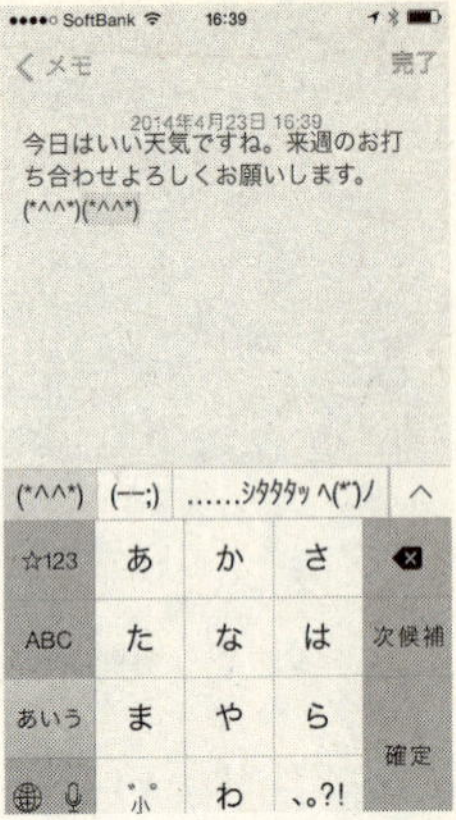

⑦フリック入力でももちろん利用できます。

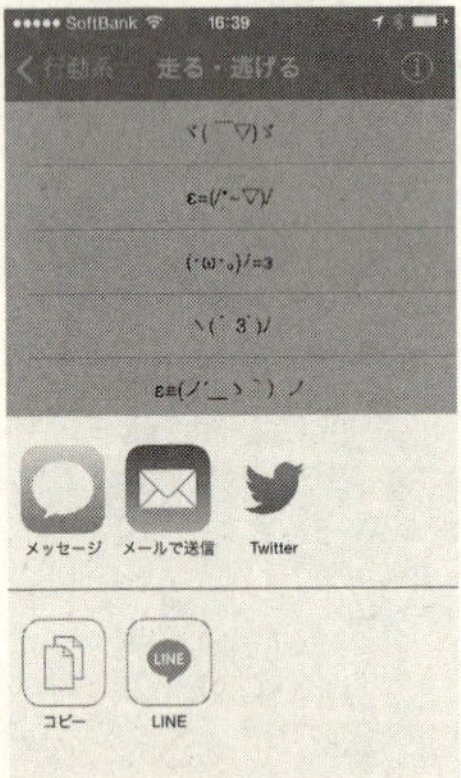

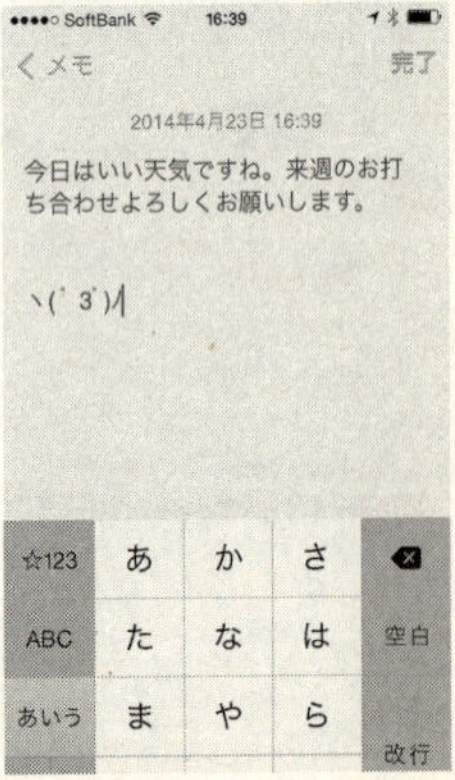

登録しなくても使えます。使いたい絵文字を長押ししてコピーし、他のアプリに切り替えて、画面を長押ししてペーストします。

58 面倒な住所をパパッと入力する裏ワザ

通販や旅行の申し込みなど、スマホでも住所を入力する機会が増えてきました。

ところが、地番やマンション名などまで入力するのは結構大変です。繰り返し使う自宅や会社の住所は単語登録しておくと楽です。次回からは、面倒な入力が変換で呼び出せるようになります。商品名や会社名など、繰り返し使う固有名詞なども登録しておくとよいでしょう。また、仕事のメールをよく送る方は、「いつもお世話になります……」といったよく使うフレーズの登録も便利です。

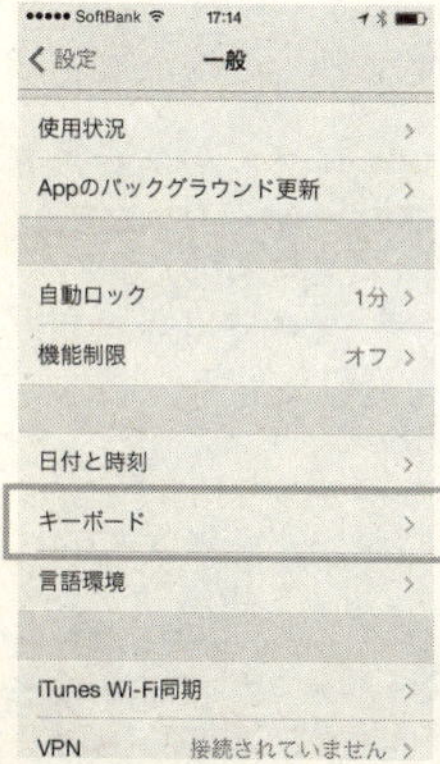

①住所を登録するには、「設定」→「一般」で「キーボード」をタップします。

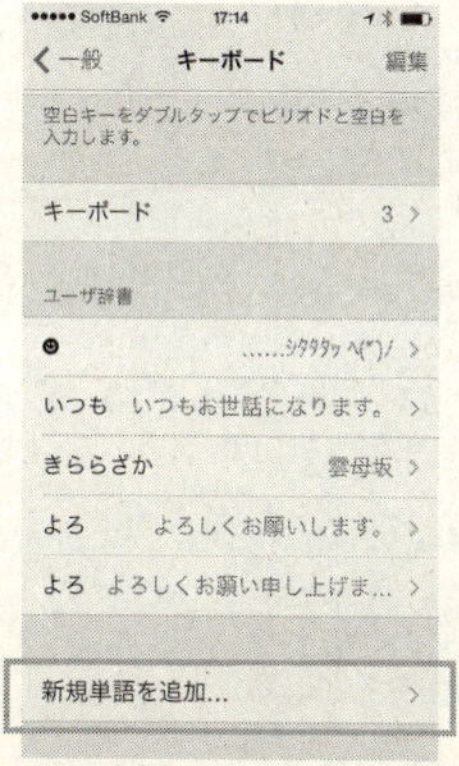

②キーボードが開いたら、最下段の「新規単語を追加」をタップします。

iPhone5 の場合

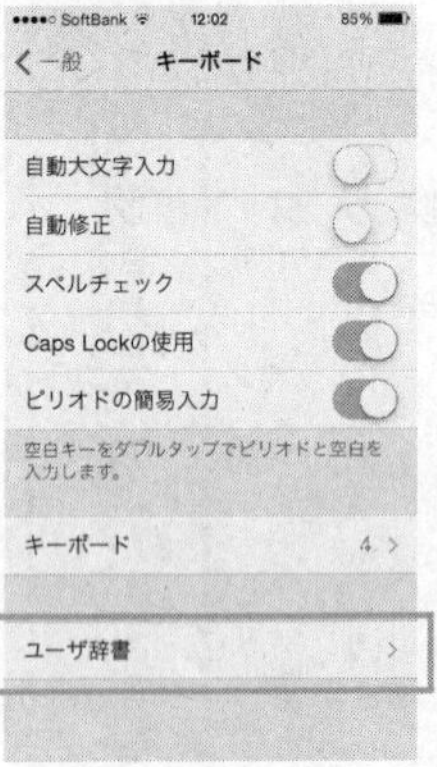

iPhone5 の場合は、「ユーザー辞書」をタップし右上の「+」から単語を追加します。

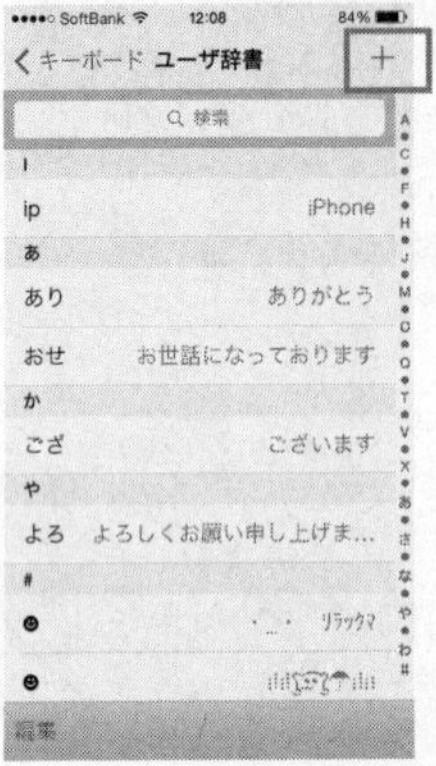

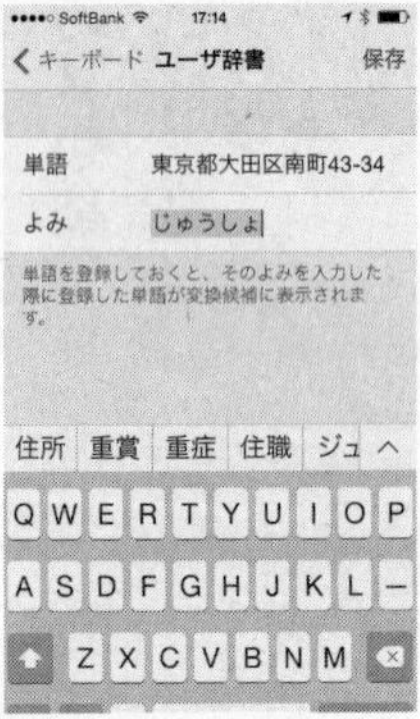

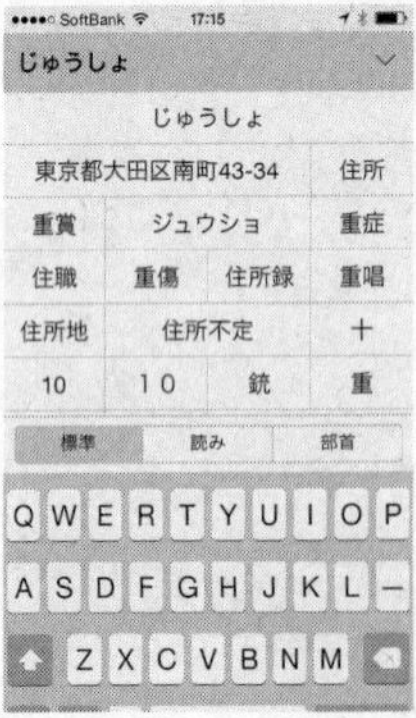

③「単語」に住所を入力します。「読み」は変換して呼び出す言葉です。ここではわかりやすいように「じゅうしょ」としました。

④「じゅうしょ」で変換すると、登録した住所が呼び出せるようになりました。

59 わからない言葉を"即"調べる

iPhoneには標準で辞書機能が搭載されています。辞書アプリを購入しなくても、調べられるのです。わからない単語を長押しやダブルタップで選択したら、上に表示されるメニューから「辞書」を選びます。自動的に辞書を呼び出して言葉を調べることができます。さらにWeb検索まで対応しています。この機能はSafariなどでも利用できます。

①文字列を選択したら、上に表示されるメニューの「→」をタップします。

②メニューから辞書をタップします。

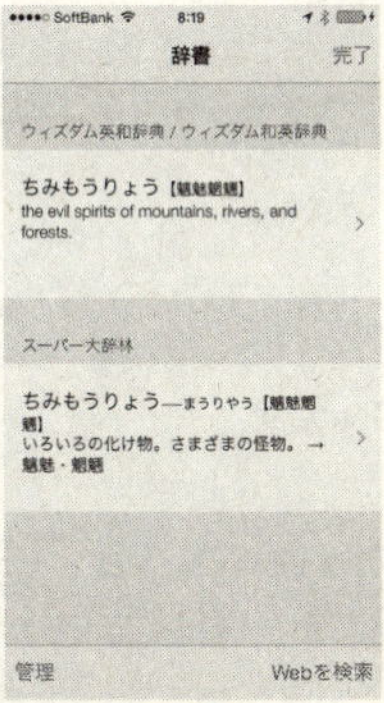

③辞書を調べられます。

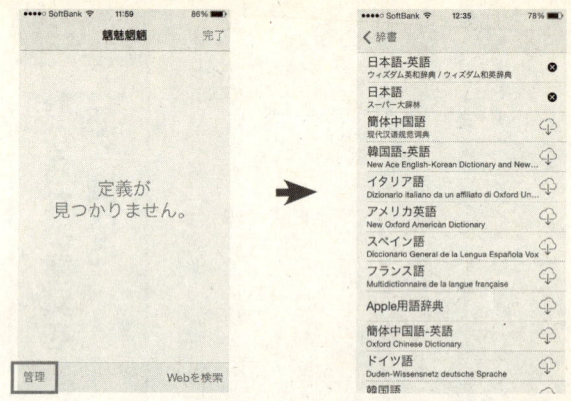

iPhone5などで辞書をダウンロードしていない場合「定義が見つかりません。」と出ます。左下の「管理」をタップし、辞書をダウンロードしてください。無料です。

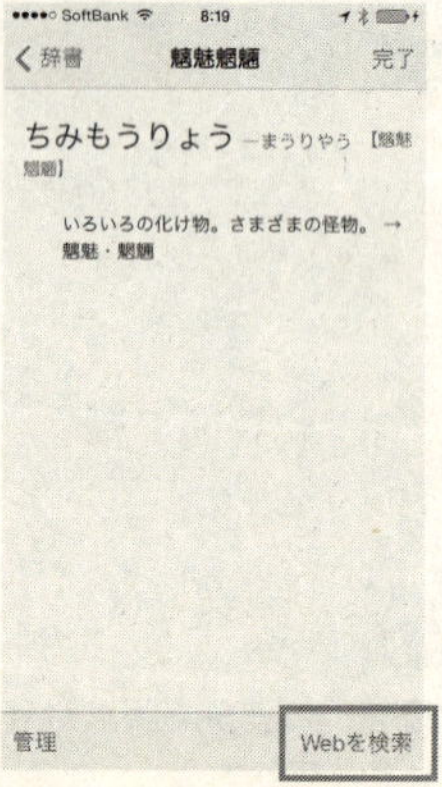

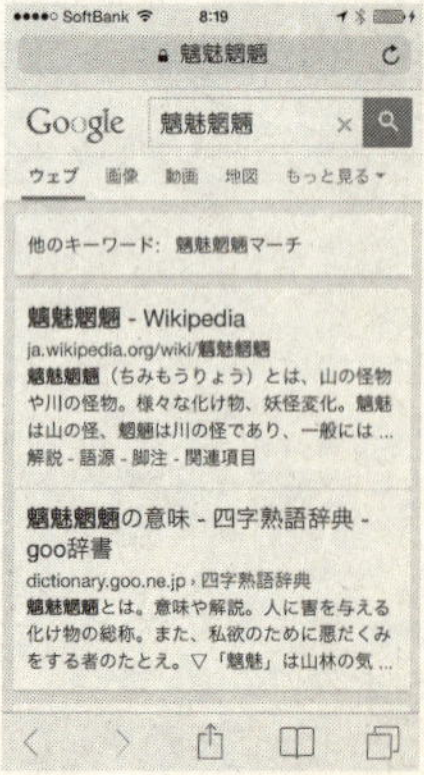

さらに、「Web を検索」をタップすると、インターネットで検索できます。

60 英単語の意味を〝即〟調べる

iPhoneに標準で搭載されている辞書機能は、なかなか優れています。それもそのはず、日本語は「スーパー大辞林」を搭載しているのです。実は英語も調べることができ、こちらは「ウィズダム英和辞典／ウィズダム和英辞典」を搭載しています（辞書をダウンロードしていない場合は、「管理」をタップし該当辞書をダウンロードしてください）。

英語でも辞書を引く作業は同じです。単語を範囲指定してメニューから辞書を選べばOKです。

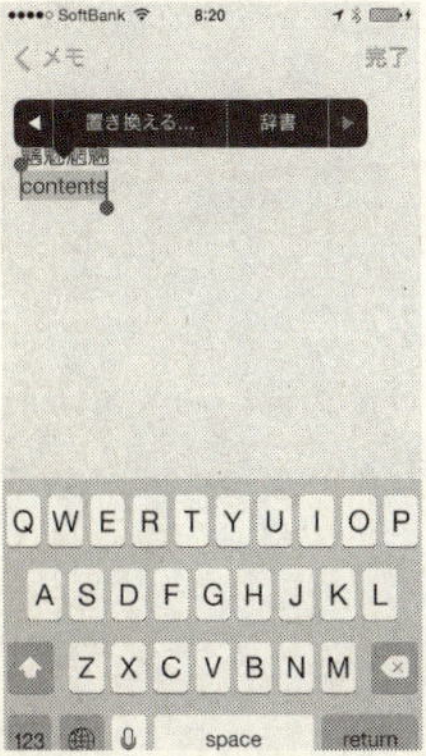

①英語も範囲指定してメニューから「辞書」を選びます。

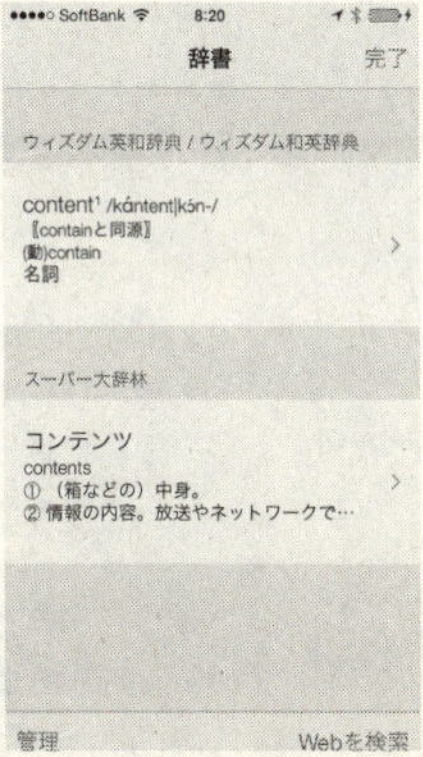

②ウィズダム英和辞典などで調べられます。

61 しゃべってうまく文字入力

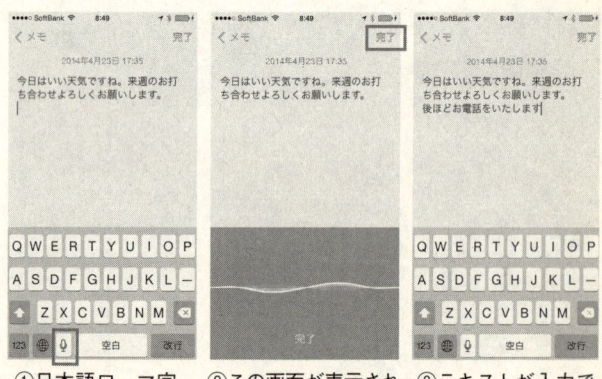

iPhoneに話しかけて文章を入力する機能が用意されています。グーグルなどの検索を話しかけて行うのは定番機能ですが、文字入力もできるのです。

うまく入力するには滑舌よく話しかけるのがベスト。メリハリを付けて少しゆっくりと話しかけるとうまくいきます。完璧を目指すより、とりあえず入力して誤入力を後で修正するとよいでしょう。

①日本語ローマ字、日本語かなキーボードでマイクのマークをタップします。

②この画面が表示されたらiPhoneに話しかけます。話し終えたら、「完了」をタップします。

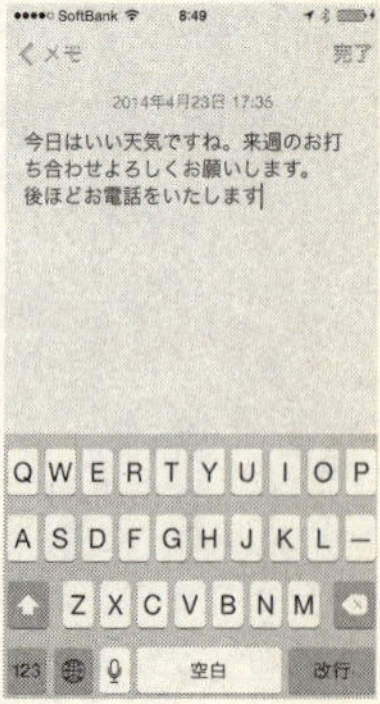

③テキストが入力できました。

62 “コピペ”をいくつも同時進行で行う

iPhoneのコピー／ペーストは、1個の文字列しか記憶しておけません。しかし、貼り付けたい情報はもっとたくさんあるものです。よく使うフレーズ、住所、商品名、URLなど……。

そこで便利なのが、コピー／ペーストの専用アプリ「Pastebot」です。このアプリは複数の文字列を登録しておき、いつでも貼り付けられます。辞書登録できない画像データの貼り付けにも対応しています。400円とちょっと高価ですが十分に価値はあります。

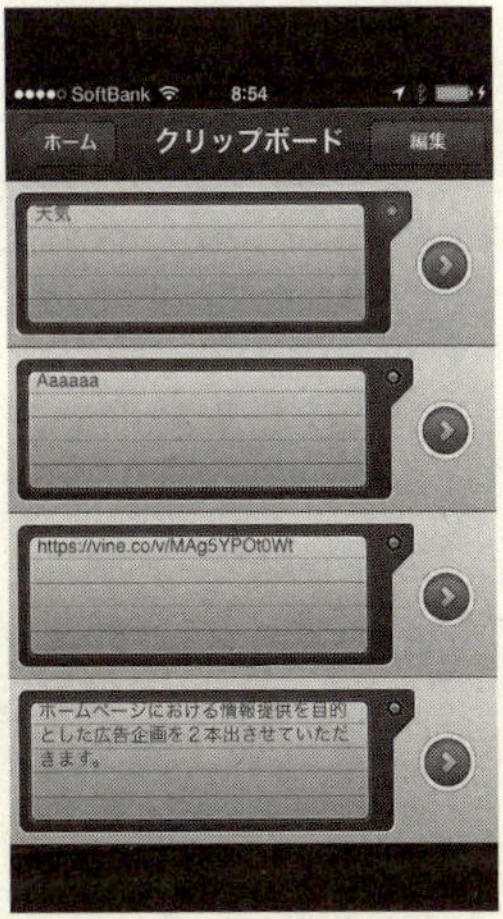

①Pastebotを起動します。

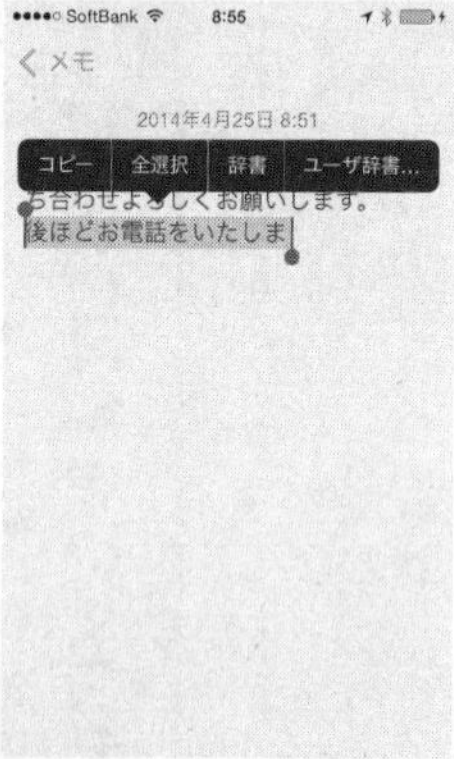

②アプリを切り替えてコピーします。

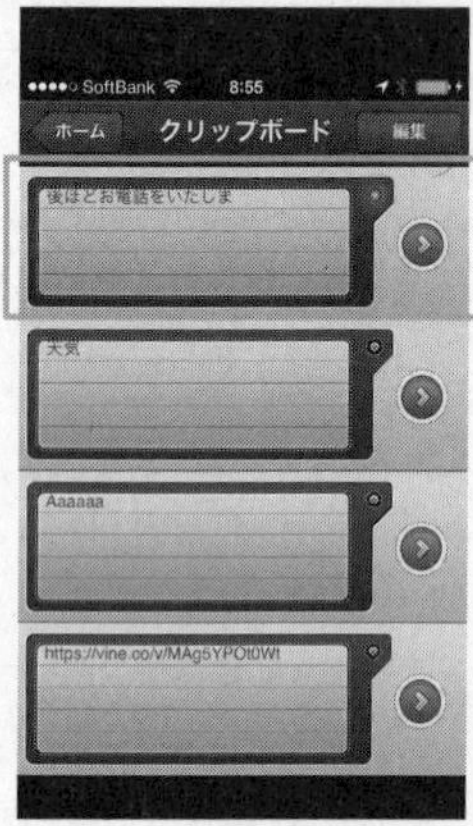

③コピーした文字列がPastebotに登録されました。

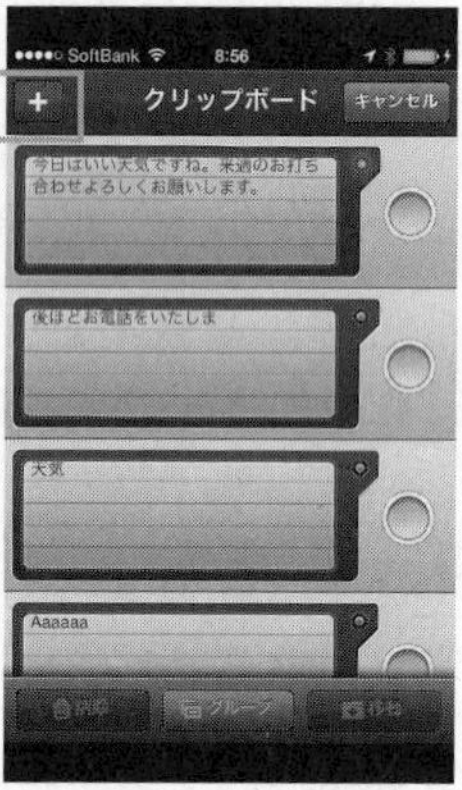

④また、自分で文字を登録することもできます。「編集」をタップして、この画面の左上「+」を押します。

⑤文字列を登録するなら「テキストクリッピング」をタップします。

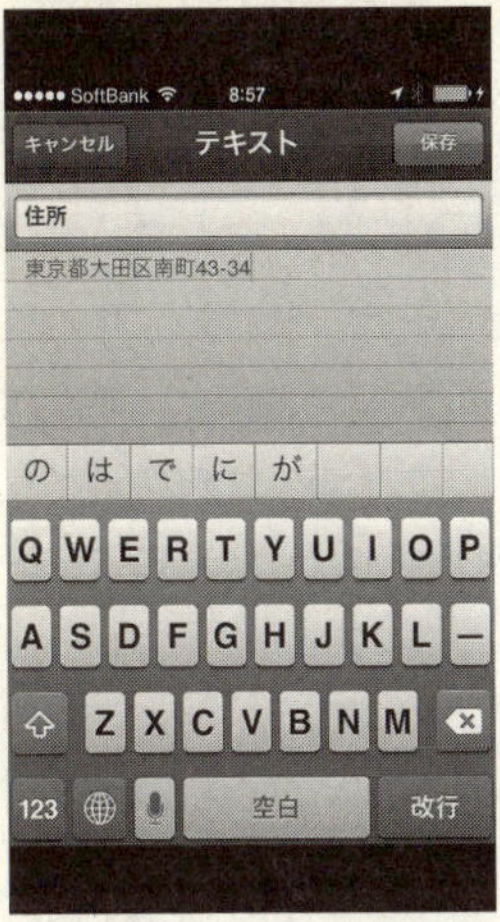
SoftBank 8:57
キャンセル
テキスト
保存
住所
東京都大田区南町43-34
の は で に が
空白
改行

⑥文字列を登録します。わかりやすいようにタイトルを付けておくとよいでしょう。

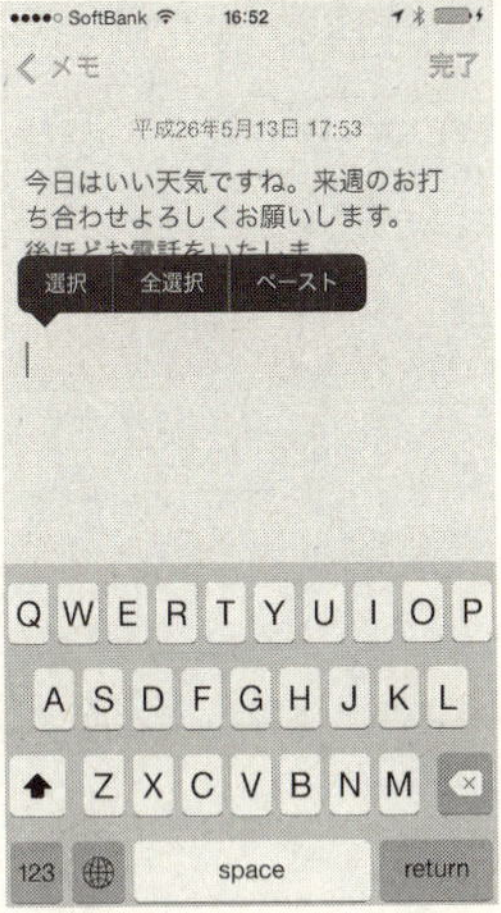
SoftBank 16:52
メモ
完了
平成26年5月13日 17:53
今日はいい天気ですね。来週のお打ち合わせよろしくお願いします。
選択
全選択
ペースト
space
return

⑦ペーストすると、Pastebotで選択したデータを貼り付けられます。

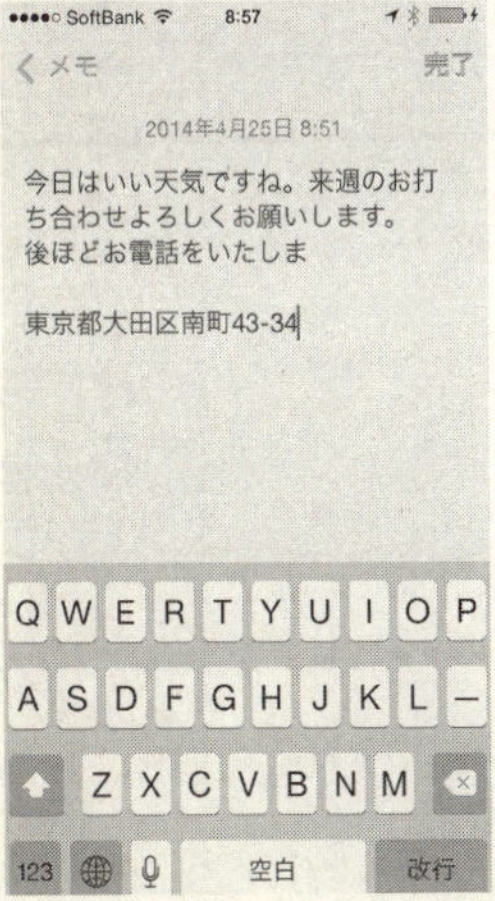
SoftBank 8:57
メモ
完了
2014年4月25日 8:51
今日はいい天気ですね。来週のお打ち合わせよろしくお願いします。
後ほどお電話をいたしま
東京都大田区南町43-34
空白
改行

⑧自分で入力した住所が貼り付けられました。

63 パソコンの文章をiPhoneにコピーする

ちょっと上級者向けのテクニックを紹介します。パソコンの文字列をiPhoneに貼り付けて利用するワザです。URLも貼り付けられるので、パソコンで見ているWebページをiPhoneのLINEのメッセージで送ることもできます。

専用のアプリ「laClipy」(無料)をiPhoneにインストールし、パソコンではブラウザ「Google Chrome」の拡張機能を使います。

① laClipy をインストールします。

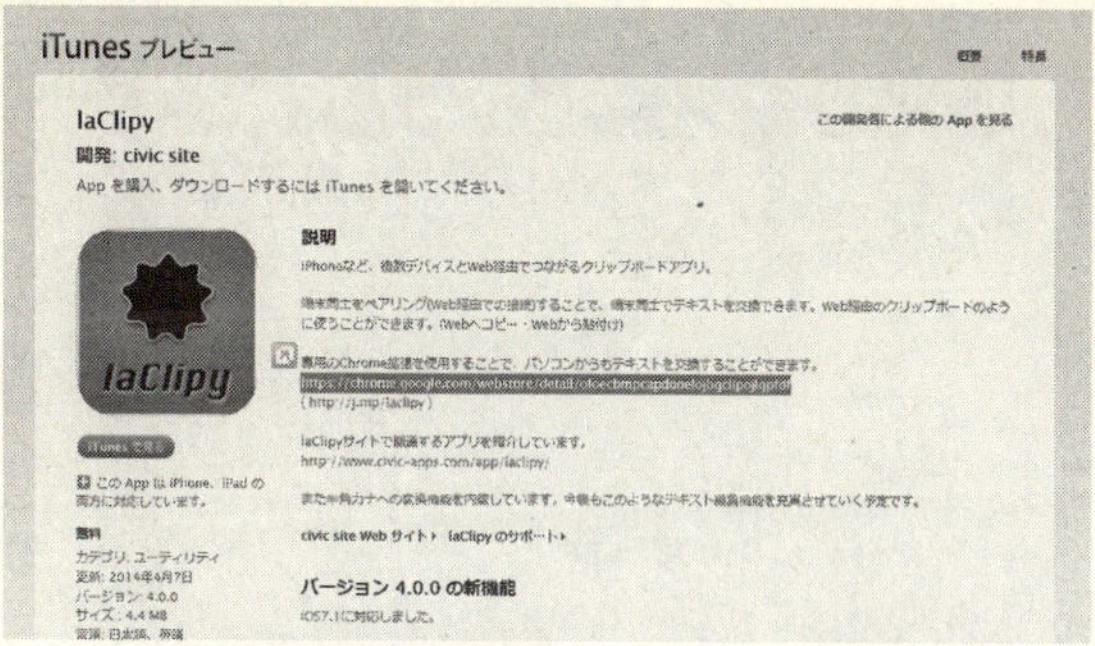

②PC サイトの laClipy の解説ページの URL をコピーします。

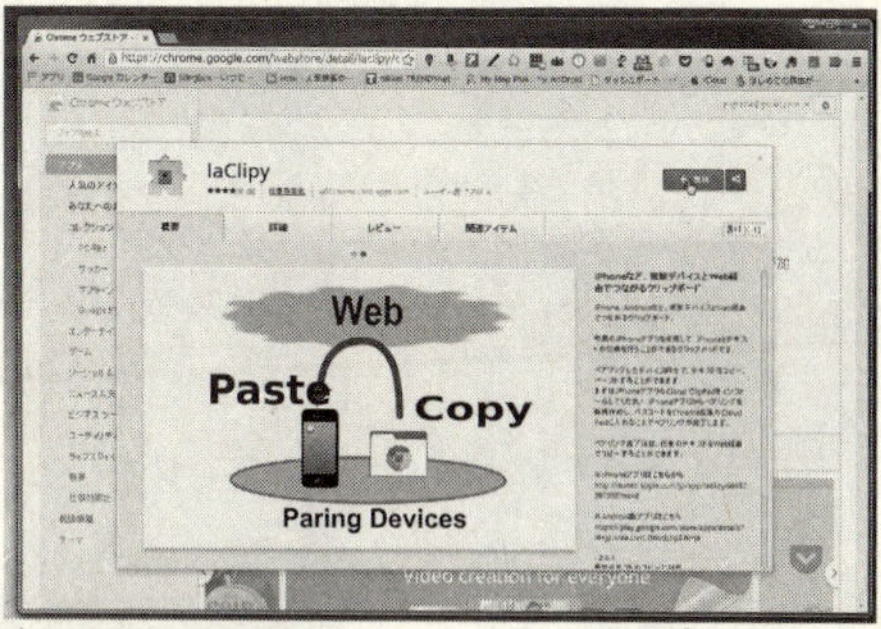

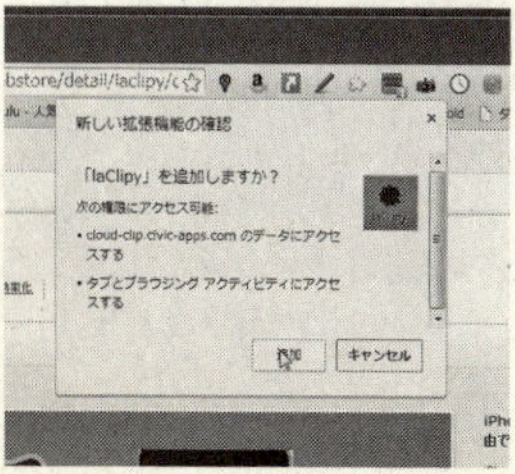

③パソコンの GoogleChrome に先ほどコピーした URL を貼り付けて拡張機能を追加します。

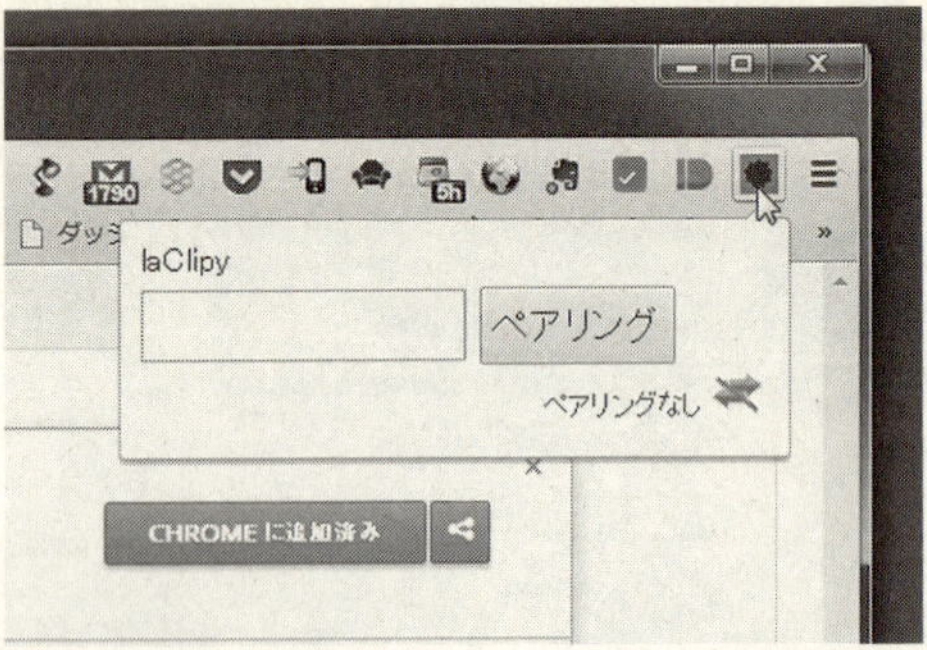

④この画面を開いたら待機しておきます。

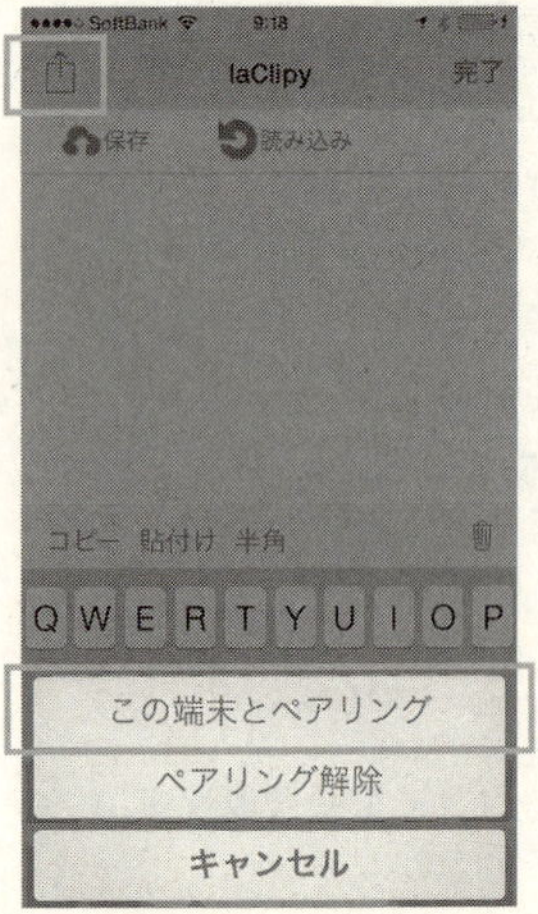

⑤ iPhone の laClipy を開き、左上のメニューをタップして「この端末とペアリング」をタップします。

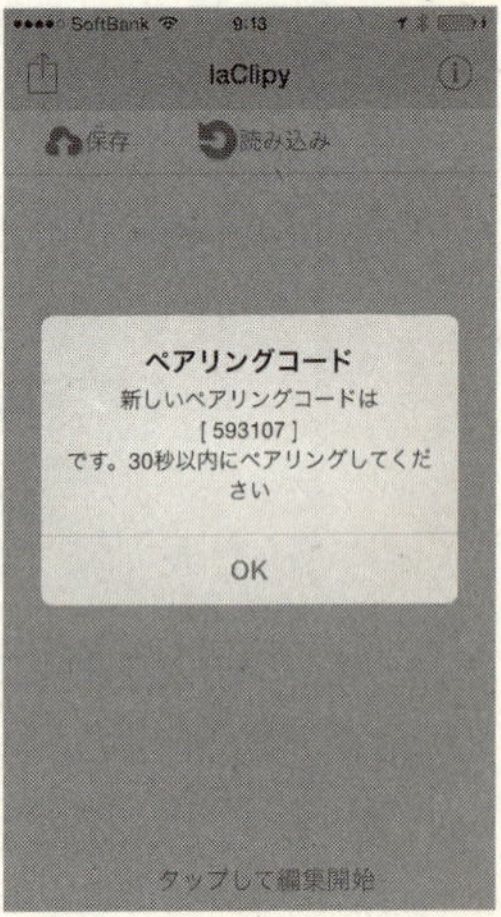

⑥コードが表示されます。

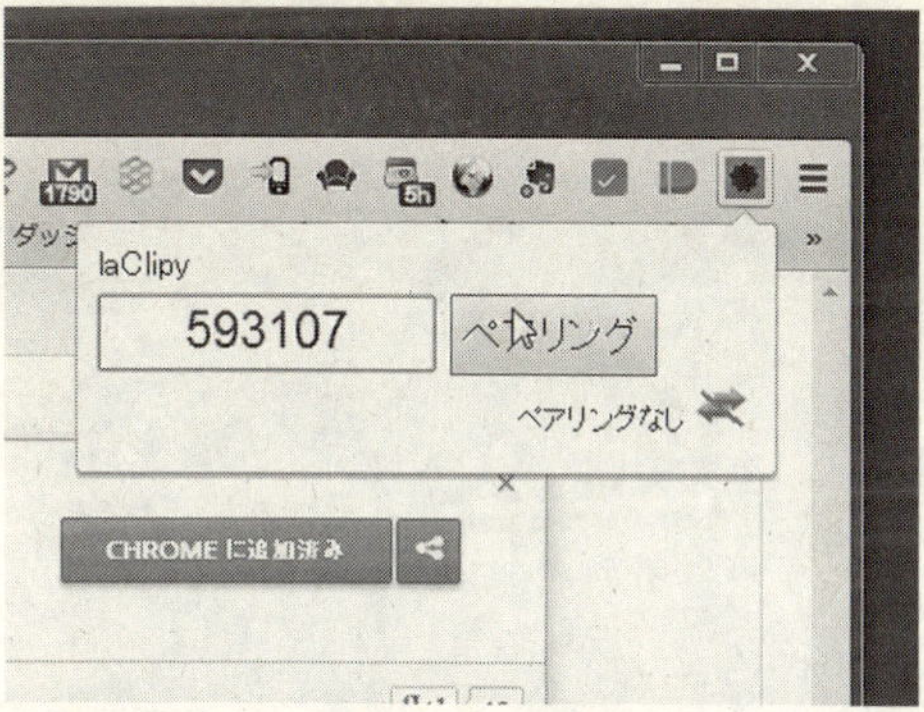

⑦待機していたChromeの拡張機能にコードを入力します。30秒以内に作業しなければなりません。

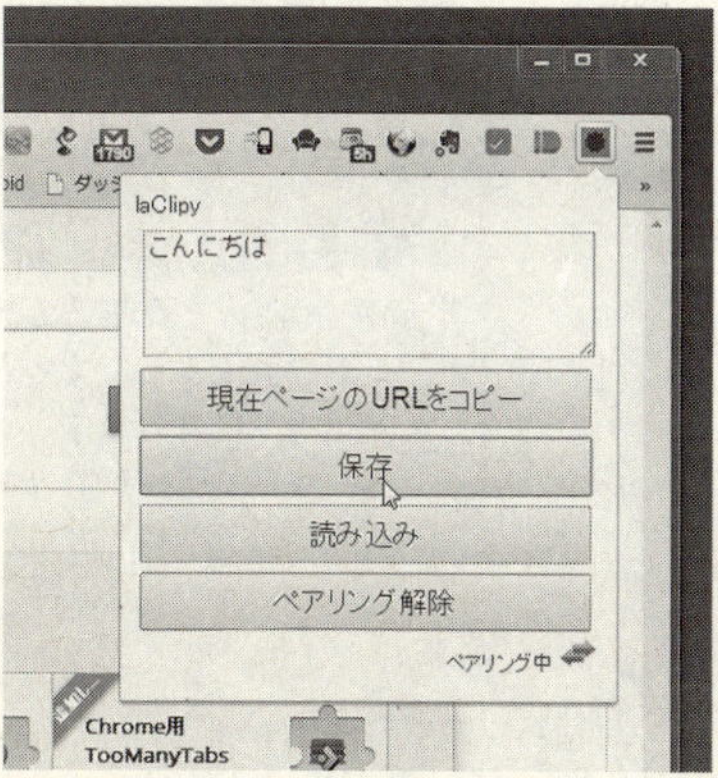

⑧ペアリングが完了したら、拡張機能に文字列を入力して保存をクリックします。

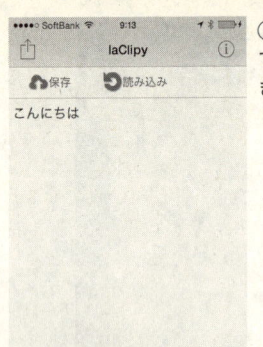

⑨ iPhone の laClipy で文字列が利用できます。

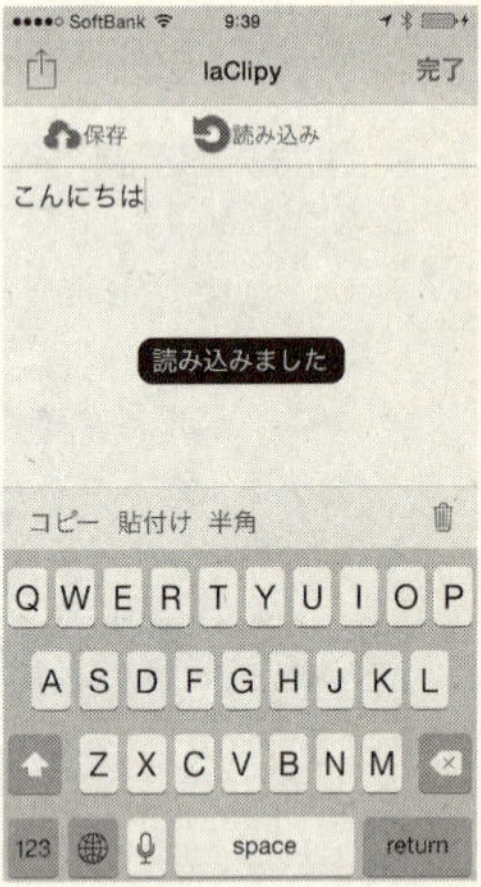

⑩ laClipy で読み込みました。画面をタップすると編集モードになります。メニューからコピーができます。

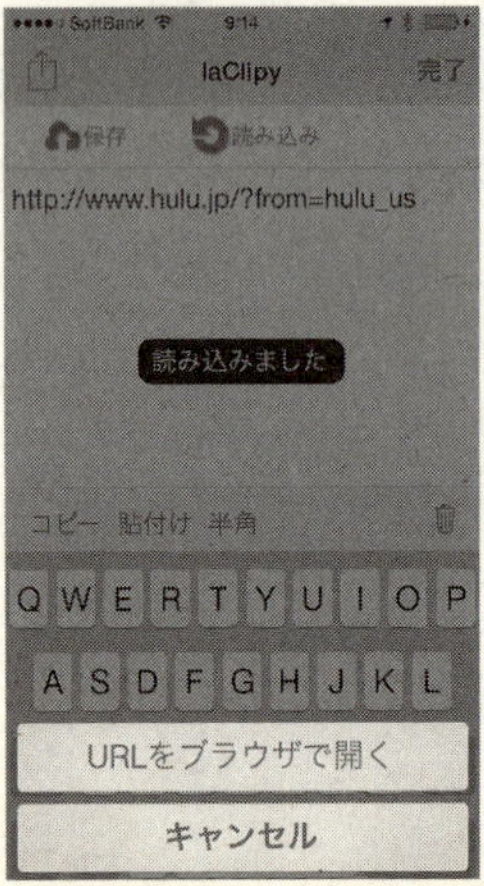

⑪パソコンの Chrome で開いている URL を貼り付けることもできます。

3章

たった1秒の「Safari」ワザ

——インターネットを自由自在に

64 リンクを新しいページで開く

3章では、インターネットを使う際に役立つワザを紹介していきます。多くが標準のブラウザ「Safari」を使う際のテクニックですが、便利な他のブラウザもいくつか紹介します。

最初は、リンクを新しいページで開く方法です。今開いているページとは別に開くことで、タブで切り替えて見比べることができます。定番のワザですが、便利なのでぜひ覚えておいてください。方法は簡単で、長押しするだけです。

①リンクやボタンなどを長押しするとこのメニューが開きます。「新規ページで開く」で別のページが開きます。

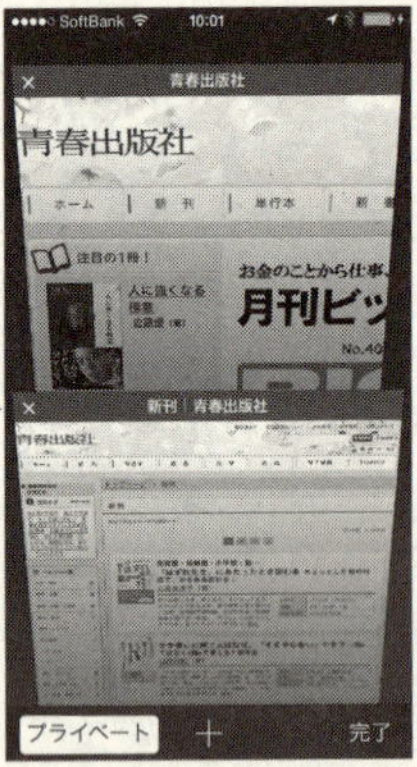

②別のページが開いたことがわかります。

65 トップページにお気に入りのページを追加する

Ｓａｆａｒｉのトップページは、よく開くサイトのアイコンが並んでいます。新規のタブを開くとこのページが表示されるので、おなじみですね。

トップページにアイコンを追加するには、ブックマークを登録して、フォルダーを「お気に入り」に指定すればＯＫです。よく使うページはここに登録しておくととても便利です。

①登録したいページをSafariで開いたら、一番下のバーの真ん中にあるメニューボタンをタップし、メニューから「ブックマーク」を選びます。

②「場所」をタップします。

③「場所」を「お気に入り」にします。

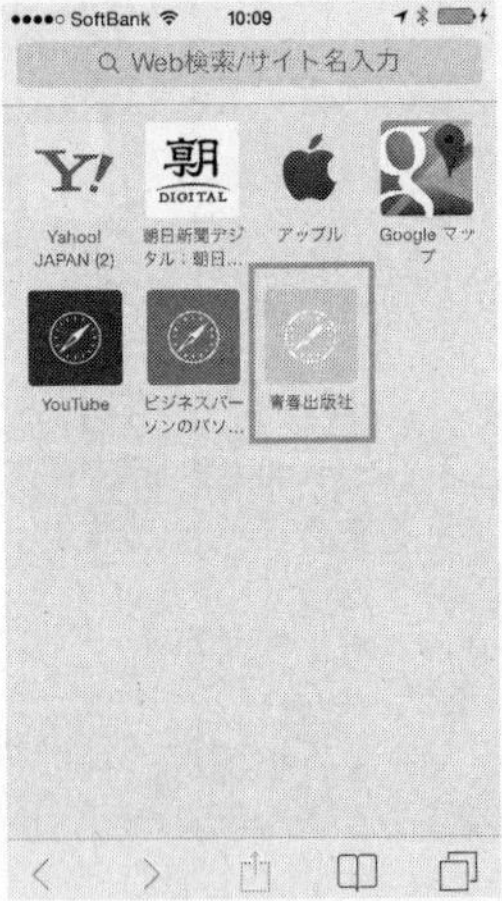

④トップページにアイコンを追加できました。

66 タブを簡単に瞬時に閉じる

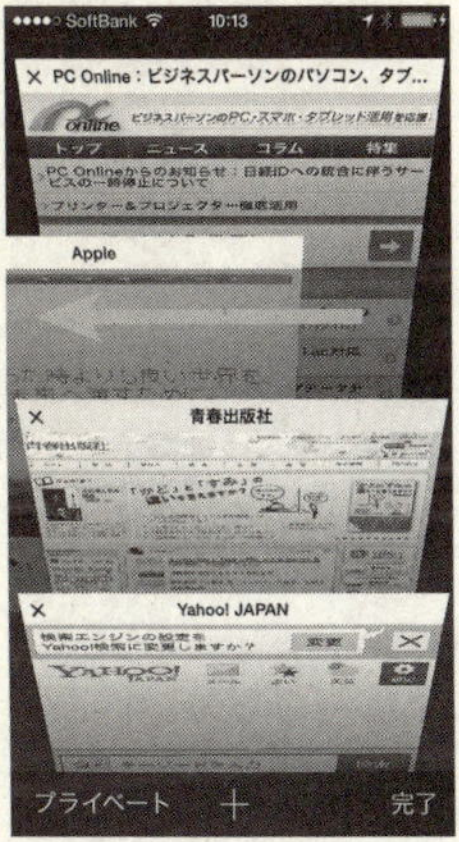

タブを簡単に閉じるには横にスワイプします。×を押すより楽です。

67 タブを全部イッキに閉じる

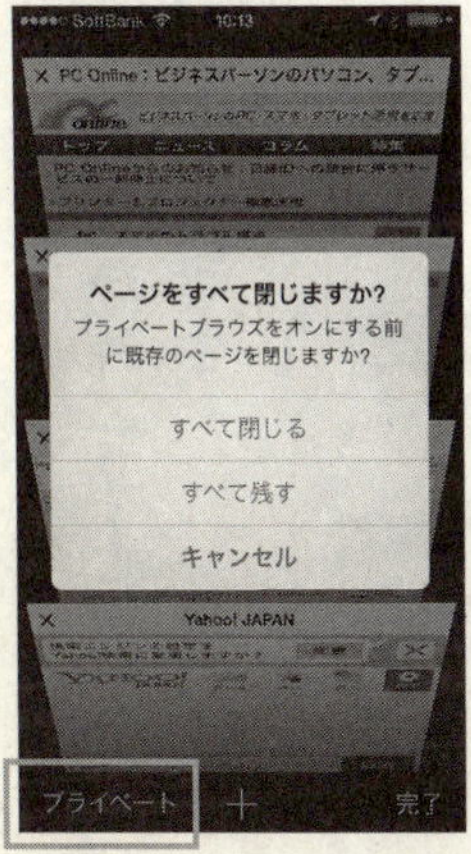

「プライベート」ボタンをタップするとタブをすべて閉じるメニューが表示されます。詳しくは116ページも見てください。

68 0.5秒で進む、戻る

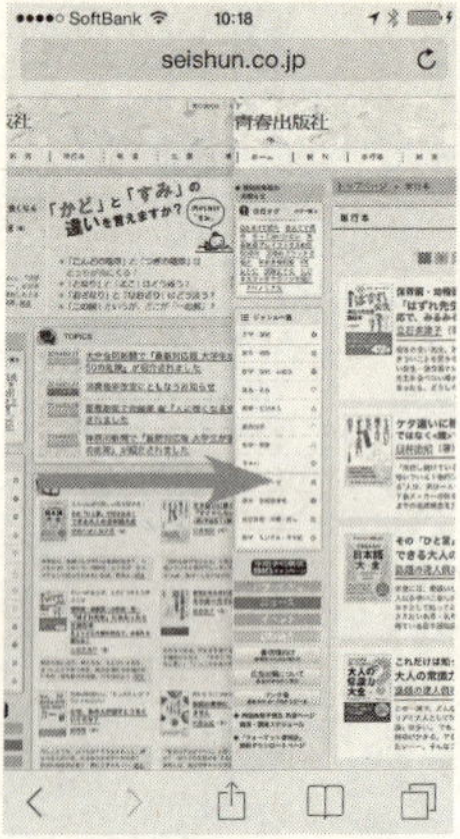

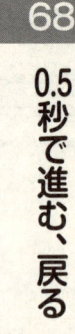

矢印キーを使うより、画面を左右にスワイプした方が早いのです！

69 消えたメニューを即復活！

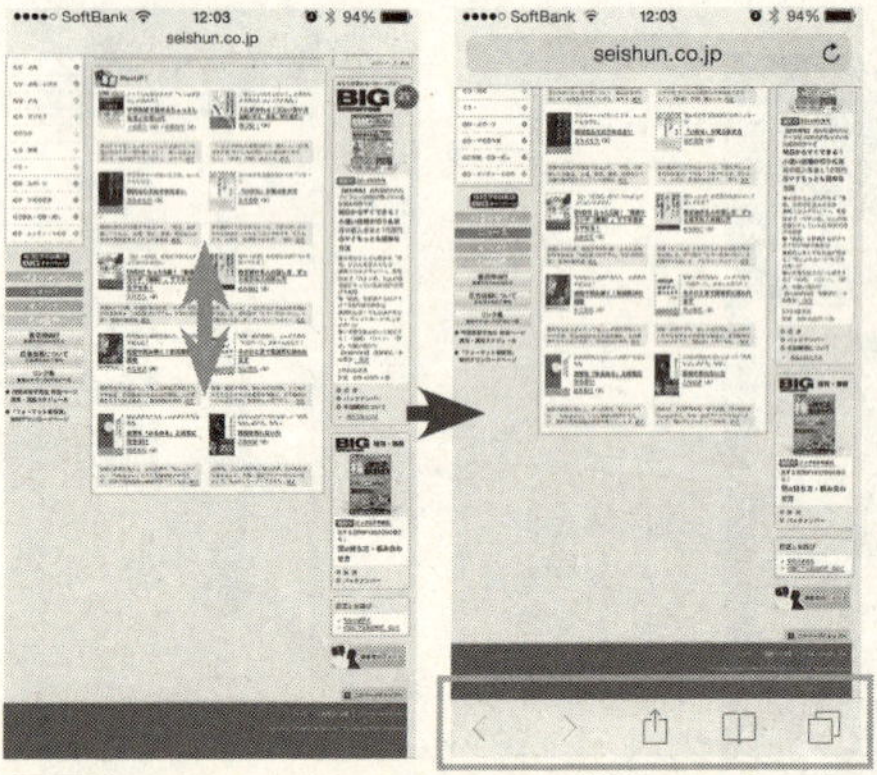

画面をスクロールしてメニューが消えてしまったら、素早く短く、上下にスワイプしてみてください。

70 履歴をすぐにリストで表示する

あっちへ行ったり、こっちへ戻ったり……。色々なページをどんどん見ていると、前に見ていたサイトに戻れなくなることがあります。

こんな時には、画面下のメニューに表示されている左右の矢印マークを長押ししてみてください。これまでに見ていたページの履歴が表示されるので、リストから簡単に選択できます。Safariをヘビーに使うユーザーにはおすすめの機能です。

①画面左下の矢印を長押しします。

②履歴が表示されるので、前に見ていたページに素早く戻れます。

71 見たページの履歴を残さない

「プライベートブラウズ」とは、インターネットで色々なページを見た痕跡を残さない機能です。自分だけで使っているiPhoneならこんな機能を使う必要はないでしょう。

しかし、家族と共有だったり、子供に貸す際に「パパこんなサイトを見ていたんだ！」と思われると困ります。特に、共同で使うケースの多いiPadではぜひ使いたい機能です。プライベートブラウズをオンにするとやや不便ですが、痕跡は残らなくなります。

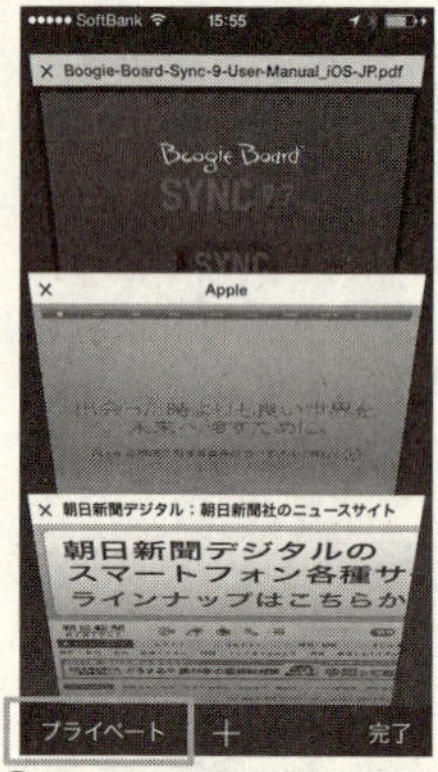

① Safariの画面下にあるメニューの右のボタンをタップします。この画面が開いたら、左下の「プライベート」をオンにします。

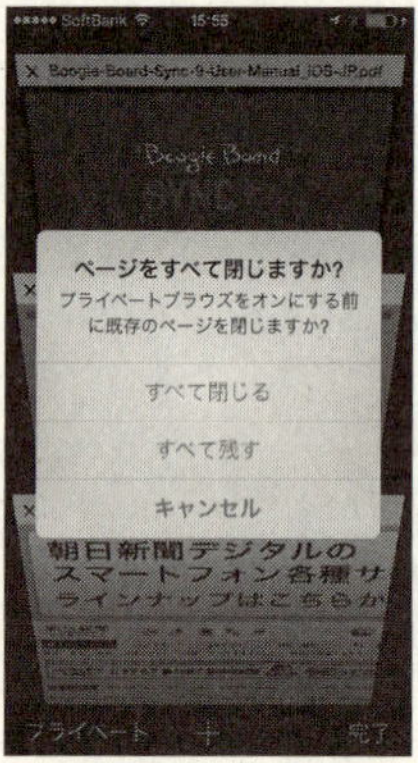

②現在開いているページをすべて閉じればいいでしょう。このモードでは、履歴に新しい情報が追記されなくなります。

72 あとで見たいページを逃さない

よく見るページはブックマークに登録すればよいのですが、一度だけ読みたいケースも少なくありません。こんな時にはリーディングリストに登録します。一度読むとリストから削除されるので、とても便利です。

また、この機能に登録すると、パソコンやiPadなど、他の機器でも同じようにページが開けるのも特徴です。

①このページをあとで読みたいなら、画面下のメニューから真ん中のボタンをタップします。

②メニューが開いたら、「リーディグリストに追加」をタップします。

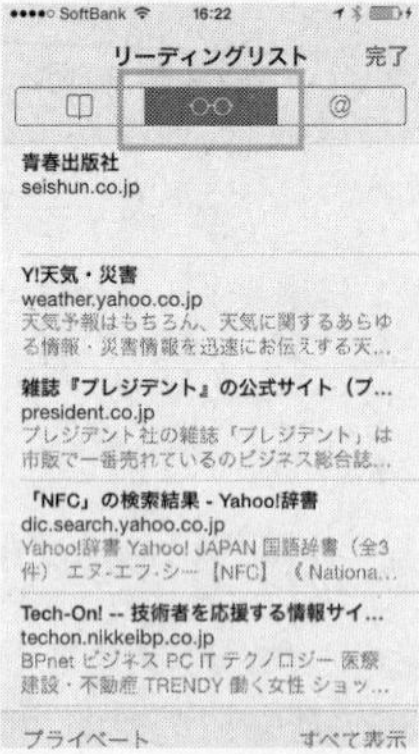

③読むときは、Safariの右から2番目のメニューをタップしてメニューを開き、真ん中のリーディングリストをタップします。

④リストから読もうと思っていたリンクをタップするとページが開きます。

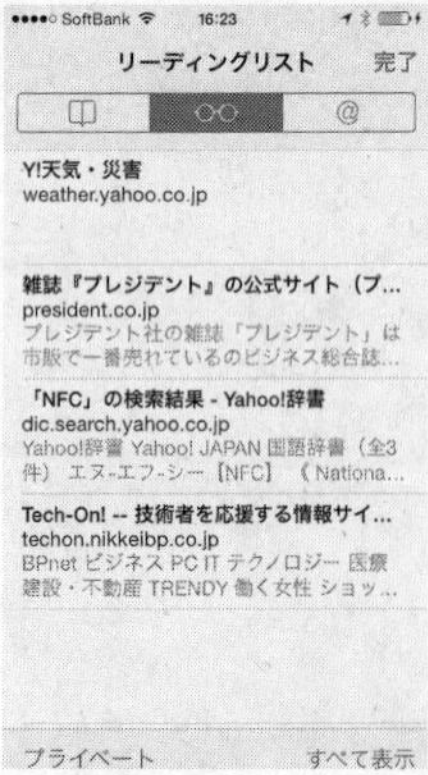

⑤一度読むと、リーディングリストの一覧から消えます。

73 面白いサイトをサクッと共有する

47ページのように「コントロールセンター」をオンにしておけば、ＡｉｒＤｒｏｐで近くにいる相手とウェブサイトを共有できます。

①共用したいサイトで Safari の真ん中のメニューをタップし、メニューが開いたら「AirDrop」をタップします。

②相手の iPhone が表示されるので、タップします。

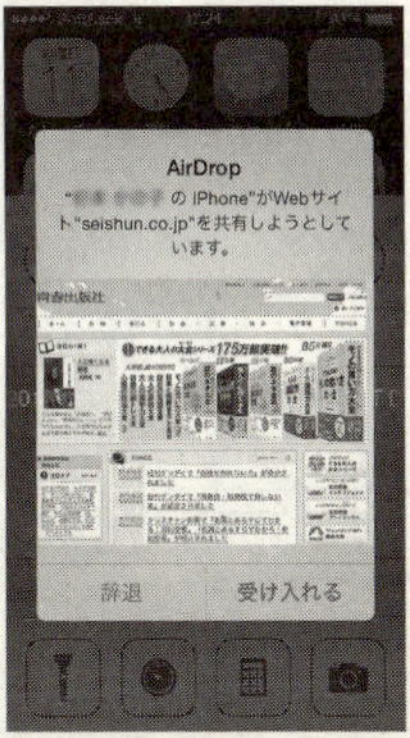

③受け取り側にはこのようにWeb サイトが送られてきます。

74 気になった画像をすぐ保存する

ウェブページを見ているときに気になった画像（写真）があったら保存することができます。図や写真によって、保存できるケースと不可能なものがありますが、記録しておきたいなら試してみてください。保存した写真は、画像データとしてアルバムに記録されます。

自分のちょっとしたメモとして使うなら、問題になることはほぼありませんが、無断引用などには気をつけてください。

① Safari で保存したい画像を長押しします。このメニューが表示されたら「画像を保存」をタップします。

②画像は、アルバムに保存されます。

75 気になるページを画像で保存する

ウェブページをそのまま保存しておきたいことがあります。ブックマークでは内容が変わると、更新されてしまうのが困るのです。スクリーンショットを取る手もありますが、画面が縦に長いと表示されている部分しか記録できません。こんな時には「画面メモ」（無料）というアプリが便利です。URLをコピーして貼り付けると画像データとしてアプリ内に保存できます。

①アプリ「画面メモ」を使います。

②保存したいページでSafariの真ん中のメニューをタップします。

③メニューが開いたら「コピー」をタップします。

④アプリ「画面メモ」を起動したら、アドレスバーの左にある「ペースト」をタップします。ページが開いたら画面下の「このページを保存する」をタップします。

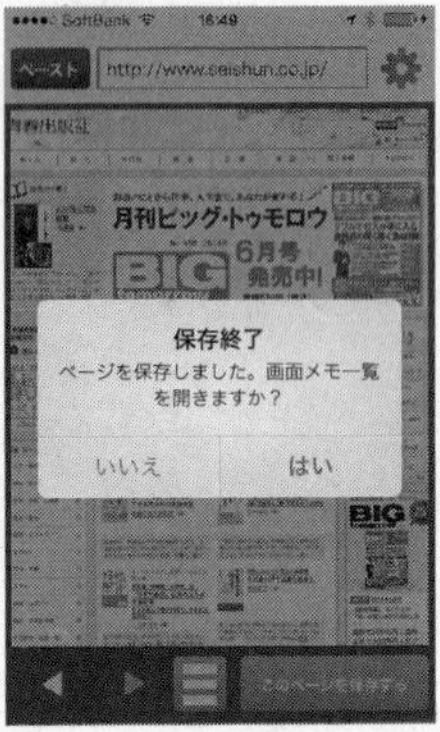

⑤ページが保存できました。

⑥ Safari の画面が画像データで保存されます。

76 よく見るページをアイコンにしてホーム画面に置く

よく見るページはブックマークに登録しているでしょう。しかし、Ｓａｆａｒｉを開いてからブックマークをタップして開くと、結構操作が面倒です。

頻繁に見るページなら、アイコンにしてホーム画面に置いておくのがベストです。アイコンをタップするだけでそのページが開くので、最短です。

旅行に出かける際には、一時的に観光サイトなどを登録しておいてもよいでしょう。

①ホーム画面に登録したいページを開いたら、画面下の真ん中のメニューをタップします。

②メニューが開いたら「ホーム画面に追加」をタップします。

③この画面が開いたら「追加」をタップします。名前を変えることもできます。

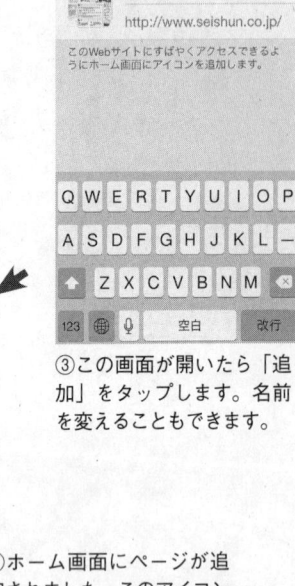

④ホーム画面にページが追加されました。このアイコンをタップするだけで開けるようになります。

77 ニュースサイトの文字を大きく読みやすくする

新聞などのウェブページには、パソコン版とスマホ版がそれぞれ別に用意されていることがあります。こんな時には、スマホ版にすることで、１画面に表示される情報の量は減りますが、文字が大きくなってより読みやすくなります。

有名な新聞サイトやＹａｈｏｏ！などもＰＣ版とスマートフォン版が用意されています。逆にパソコンでいつも見慣れているなら、ＰＣ版に切り替えるとメニューなどがわかりやすいでしょう。

①この画面はパソコン版です。iPhoneでは文字が小さすぎて読みづらいのが不便です。

②画面下や上に「スマートフォン版」への切り替えがあるかもしれないので探してみてください。

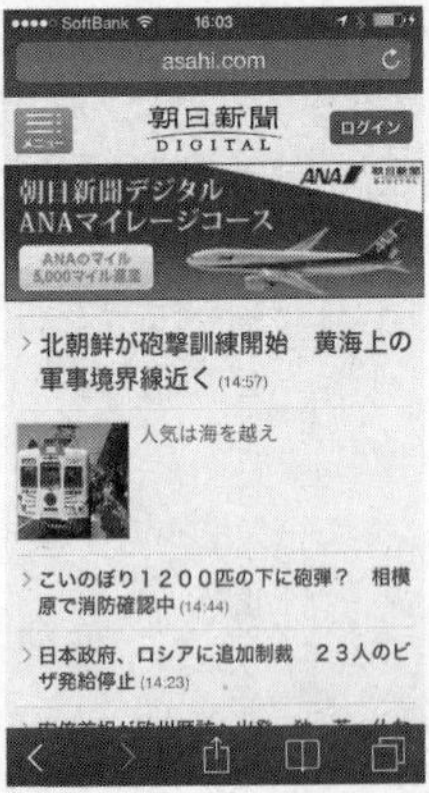

③スマートフォン版に切り替わって読みやすくなりました。

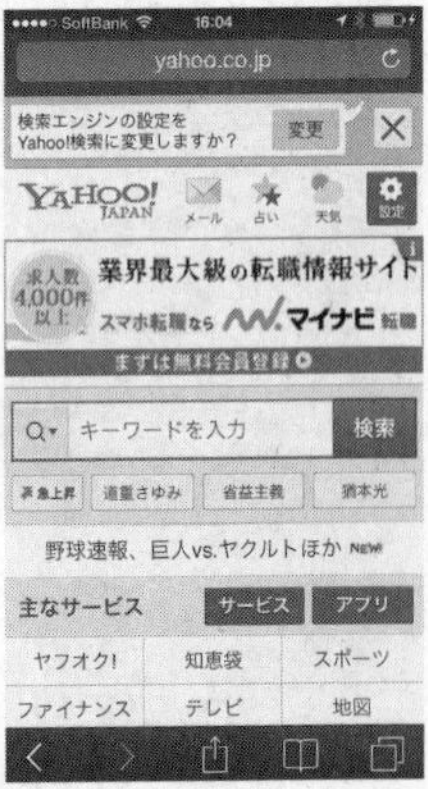

Yahoo! もパソコン版とスマートフォン版が用意されています。

78 パソコンと同じページを開く

①あらかじめ iPhone と Chrome を同期しておきます。画面はパソコンの Chrome で 3 つのページを開いているところです。

② iPhone の Chrome で右下のメニューをタップします。

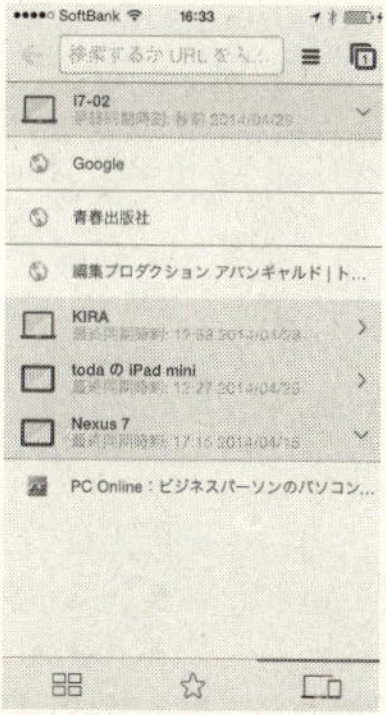

③パソコンで開いていたページが表示されます。

79 ブックマークを他の機器と共通にする

Chrome を使えば、ブックマークも他の機器と共通にできます。同じアカウントでログインするだけです。

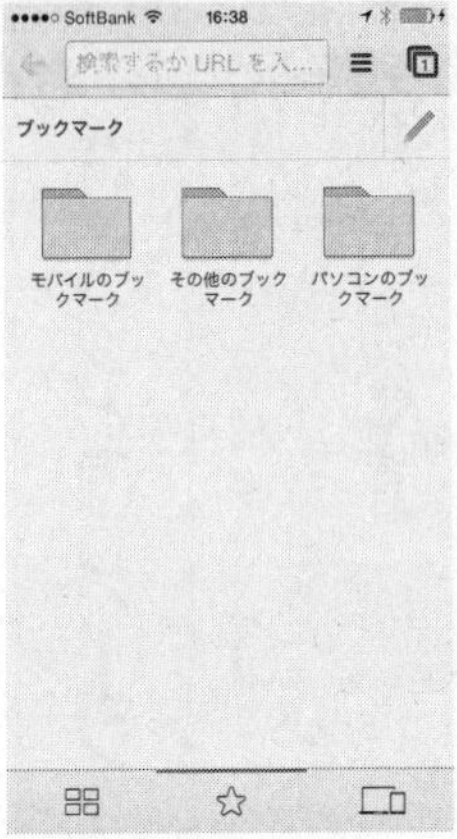

80 ページ内をパッと検索する

画面上部のアドレスバーに検索キーワードを入力すると、リストの一番下にページ内の検索結果が表示されます。

81 ブラウザの文字を大きくする

「ドルフィンブラウザ」（無料）を使うと、設定メニューでブラウザの文字を大きくすることができます。検索サイトなどの文字が大きく、読みやすくなります。ただし、対応していないサイトもあります。他にも多くの機能を搭載する優れたブラウザなので試しに使ってみてください。

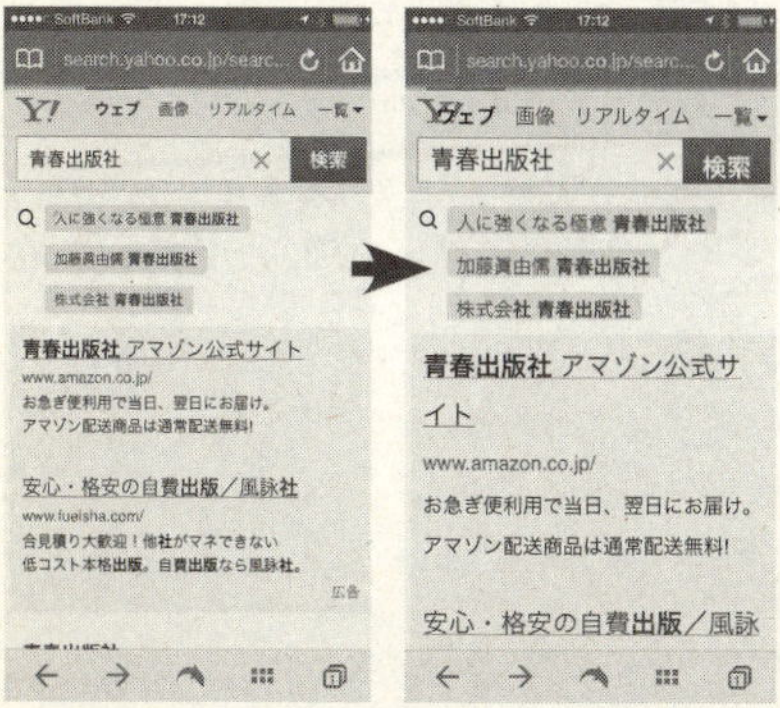

①ドルフィンブラウザで文字サイズを調整しました。

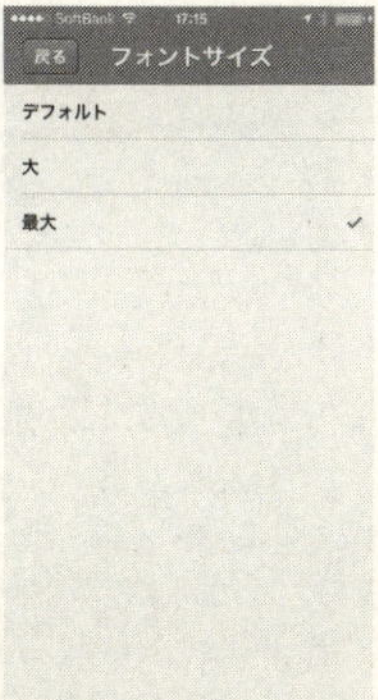

②文字サイズは３段階で調整可能です。

82

２画面でネットを見る

パソコンのように２つの画面を開けるブラウザーも登場しています。「Ｄｏｕｂｌｅ　Ｂｒｏｗｓｅｒ　Ｐｒｏ　ｆｏｒ　ｉＯＳ７」（１００円）を利用すると、同じアプリの中で２つの画面が開きます。よく見るサイトで気になる言葉を見つけたら、Ｇｏｏｇｌｅで検索し、結果を並べて表示できるわけです。ｉＰｈｏｎｅの画面は狭いですが、なんとか使えます。

「Double Browser Pro for iOS7」では、2つのウェブページを同時に開けます。

左の画面をスクロールしました。

83 片手でブラウザを操作する

電車の中で立っていると、片手でしか操作ができません。そんなときに抜群に使いやすいブラウザがあります。「Maven Web Browser Plus」（200円）は、片手で操作するための機能がてんこ盛りです。よく使うブックマークはダイヤル式で、スクロールもポインターを使って操作できます。使い慣れるとやみつきになるはずです。

画面中央の赤いポインターを動かすと上下左右に自在にスクロール可能です。

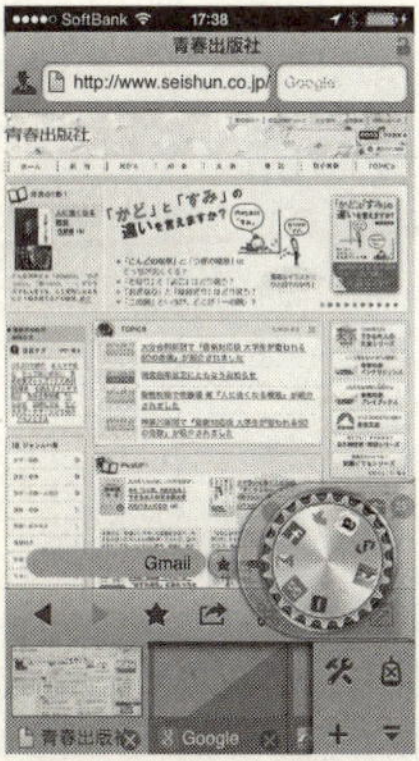

よく使うブックマークはダイヤルに登録すれば、片手で素早く呼び出せます。

84 通信料をチェックする

データ通信は契約によって利用できる量に上限が設けられています。最もたくさん使えるサービスでも、月間7GBが上限です。自分が今月どの程度使っているのか、アプリを使ってチェックしていきましょう。定番なのが「通信量チェッカー」（無料）です。わかりやすいグラフで、使える残量を確認できます。容量が少なくなるとアラームも鳴らせます。

「通信量チェッカー」では、今月使えるデータ通信の残量がひと目でわかります。

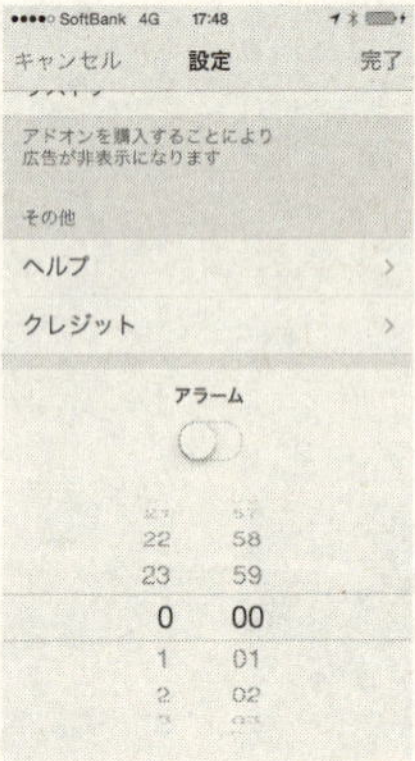

容量が足りなくなりそうになったらアラームを鳴らせます。

4章

たった1秒の「アプリ」ワザ

――iPhoneをもっと楽しむ役立たせる

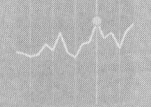

85 アプリのキホン整理ワザ

4章では、アプリのワザを紹介していきます。メールやカレンダーなどの標準アプリを中心に、特に便利なものについては、インストールして使う市販アプリも取り上げました。iPhone使いこなしの仕上げとして、自分に合った機能を見つけてください。

さて、最初は入門編です。アプリの整理と終了方法を紹介します。アプリはドラッグして自由に動かすことができます。アプリが増えてきたら重ねてフォルダーを作ってさらに整理します。

①ホーム画面のアイコンを長押しします。揺れてきたら他のアイコンに重ねます。

②フォルダーができ上がりました。アイコンを入れてまとめることで、整理整頓できます。

86 ドックのアイコンを工夫する

ホーム画面の一番下に4つのアイコンが並んでいるスペースが「ドック」です。画面をスワイプしてもドックの中だけは変わらないので、ひんぱんに使うアプリはここに置いておくと素早く使えます。

ドックのアプリは、普通のアイコン同様に長押しして、アイコンが揺れ出したら編集可能。例えば、外出が多い方は、「ミュージック」と「マップ」を入れ替えると便利です。また、不要なアイコンを取り出して、ドックの中によく使うアイコンを3つだけ並べることもできます。

ドックのアイコンを3つだけに。長押しすれば編集できます。

87 消えてしまったアプリを見つける

ｉＰｈｏｎｅを使い始めてしばらく経つと、アプリの数がどんどん増えてしまいます。大量のアプリをインストールしたら、フォルダーで整理するのがよい方法なのですが、実はこれが災いして見つからないことも。

最新のｉＯＳでは、フォルダーが複数ページにまたがるようになりました。つまり、フォルダーを開いてからスワイプして次のページをめくることで、ようやくどんなアプリが入っているかわかるのです。

よく使うアプリなら、だいたいの位置が把握できているでしょう。ところが、滅多に使わないと、どこにあるのかわからなくなることも。そんなときには検索で探すのがベスト。

ホーム画面を指で押さえながら軽く下にスワイプすると、検索ボックスが表示されます。ここにアプリの名前を入力すると、数文字でヒットするはずです。この際に、保存されているフォルダーも表示されるので覚えておけば、次から使う時にも見つけやすいでしょう。

①ホーム画面に指を置きながら、上から下へと軽くスワイプする。

②検索ボックスが表示されるので、探したいアプリの名前を入力。

③先頭一致検索で数文字入力するとヒットする。アプリの右にフォルダー名が表示されることに注目。

88 検索表示の順番を変える

136ページで説明したように、iPhoneは、検索でアプリが探せます。さらに、メモやメールの内容なども同時に検索できます。表示される検索結果の順番を変更して、よく使う項目を上に設定しておくと、最小のスクロールで素早く探し出せます。

メールの内容を素早く探したいなら、メールを上にしておくわけです。

①「設定」→「一般」→「Spotlight 検索」をタップします。

②右部分のマークをつまんでスワイプすると順番を変えられます。

89 アプリ内課金を防ぐ

最近は、無料アプリでも「アプリ内課金」で収益を上げようとするものが増えてきました。ゲームで使う各種のアイテムやＬＩＮＥのスタンプにも有料のものがあります。どれも、きちんと金額が表示され、購入時の確認もなされるのですが、よくわからないで使っている方も少なくないようです。いつの間にかクレジットカードから引き落とされたという声も少なくありません。無駄遣いを防ぎたいなら、アプリ内課金をできないように設定しておくとよいでしょう。

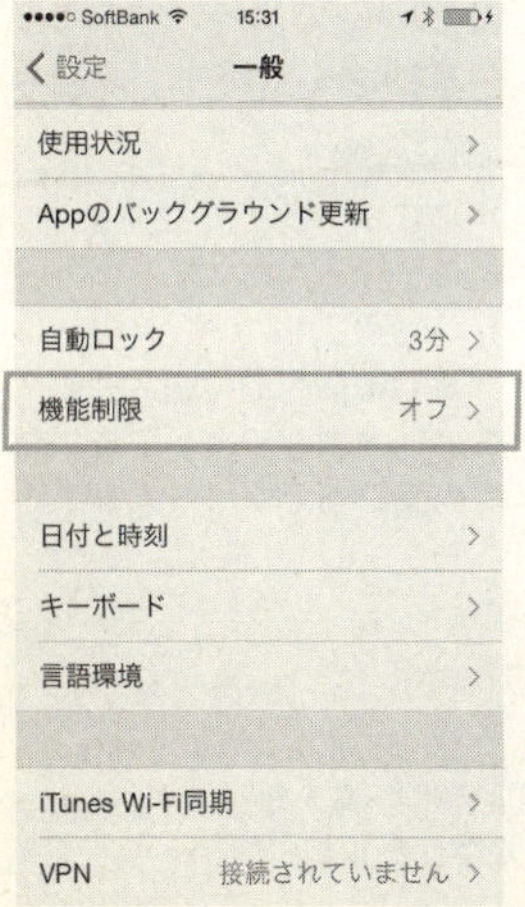
SoftBank
15:31
設定
一般
使用状況
Appのバックグラウンド更新
自動ロック
3分
機能制限
オフ
日付と時刻
キーボード
言語環境
iTunes Wi-Fi同期
VPN
接続されていません

①「設定」→「一般」→「機能制限」をタップします。

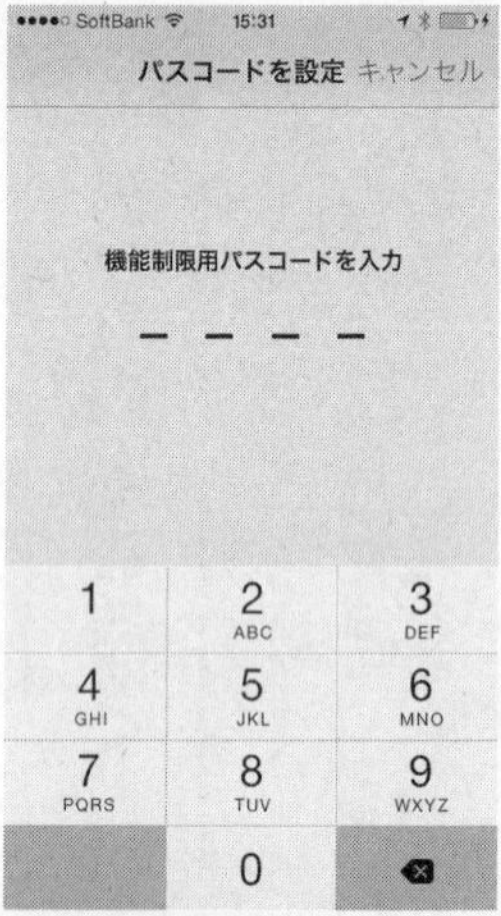

②パスコードの設定が求められるので、4桁の数字を入れます。数字は忘れないようにしてください。

③「APP 内での購入」がアプリ内課金です。これ以外の機能もオフにできます。

④アプリの中で購入ができなくなりました。

90 すごい電卓を使う

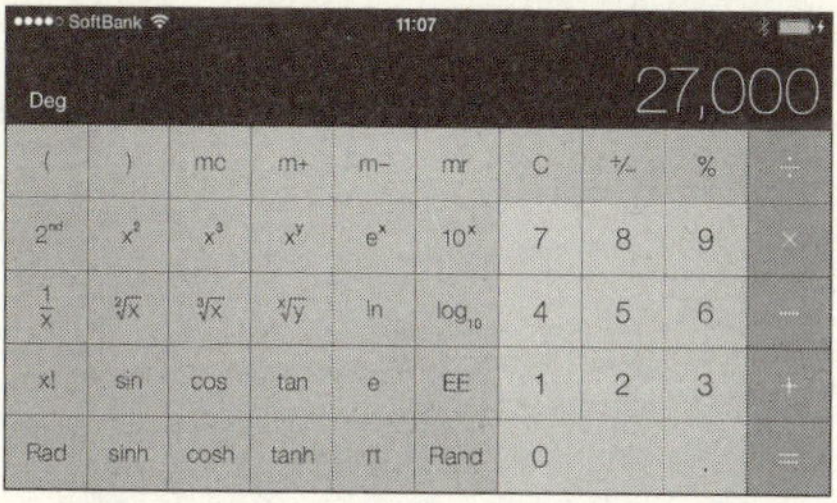

標準の電卓アプリを表示した状態で本体を横にしてみましょう。高機能な関数電卓が現れます。

91 電卓の数字を即消し

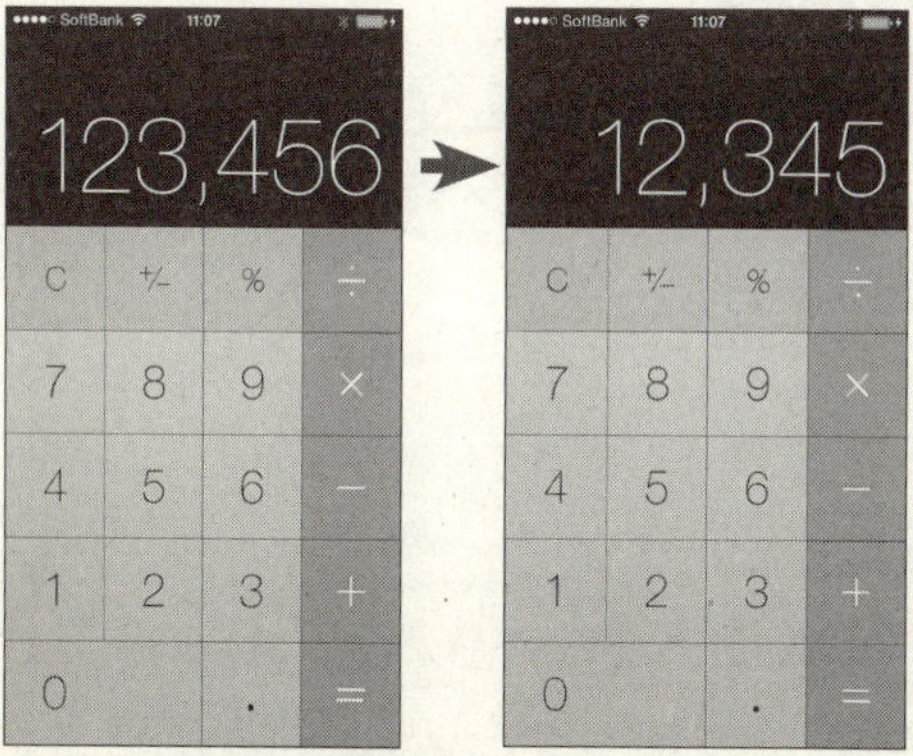

電卓の数字の部分をスワイプすると、1文字ずつ消せます。

92 電卓の数字をコピーする

電卓で計算した数値をメールやメモなどにも流用して使いたいことがあるでしょう。特に桁数が多いときには、覚えて入力するよりも確実です。

意外に知られていませんが、電卓の数字は長押ししてコピーできます。また、好きなアプリに貼り付けることもできます。逆に他のアプリの数字をペーストすることも可能です。こちらもケタが多いときには重宝します。

①数字の部分を長押しすると、おなじみのメニューが表示されるのでコピーします。

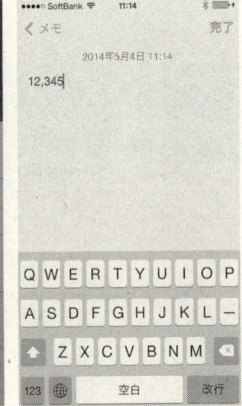

②メモやメールなどに貼り付けることができます。

93 計算の途中経過を表示する

電卓を使って計算をする際に、途中経過が表示されると大変に便利。確かめ算をしなくても、入力ミスがチェックできるのが嬉しいのです。仕事にはぜひ利用してみましょう。

この機能を使うには、専用のアプリをインストールします。色々な種類が登場していますが、「電卓HD＋」は無料です。広告が表示されないプロバージョンは200円。使ってみて気に入ったら購入するとよいでしょう。

①電卓HD＋では、画面上部に計算の履歴が表示されます。

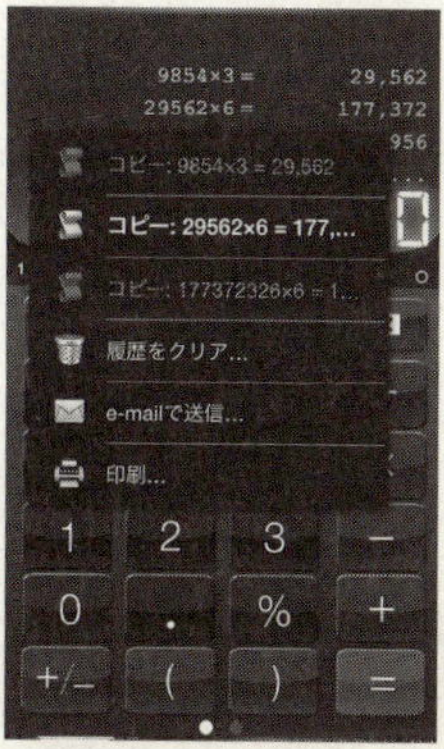

②履歴部分をタップすると式をコピーしたり、履歴を削除できます。

94 手書きで計算する

とても楽しいアプリを紹介します。

「MyScript Calculator」(無料)は、手で書いた数式で計算できるのです。子供の学習はもちろん、相手に式や計算のプロセスを見せながら話したいときにも役立ちます。驚くほど認識率がよいので楽しく使えるはずです。

数式は横に伸びるのが普通なので、iPhoneでの利用には、画面を横にするのがおすすめです。

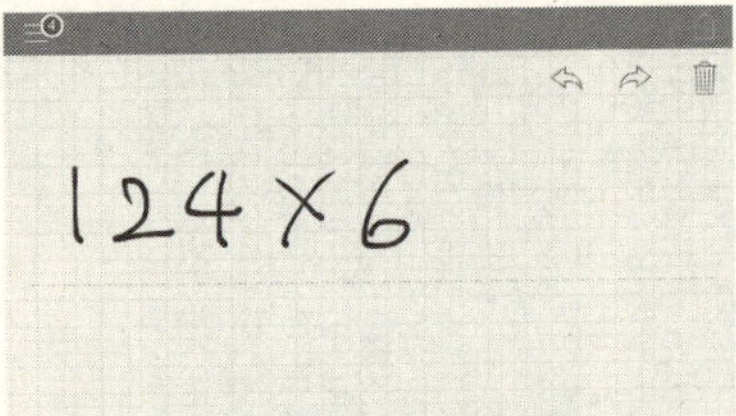

指やスタイラスで数式を書きます。

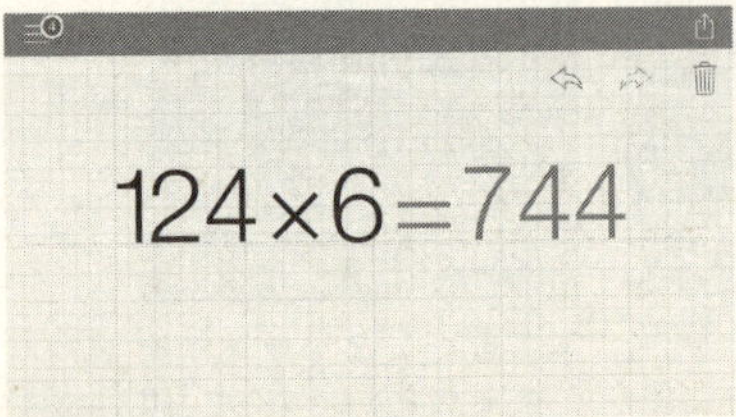

自動でテキストに認識して計算ができます。驚きのアプリです。

95 バーゲンの割引額を即計算

バーゲンセールでは、「値札から45％割引」といった表示が少なからずあります。ところが、元の価格が9800円等の半端な金額だと、いくらになるのかわかりづらいでしょう。そんなときにおすすめなのが、「CALFUL」です。

①金額を入力したら、スライダーで割引率を調整できます。

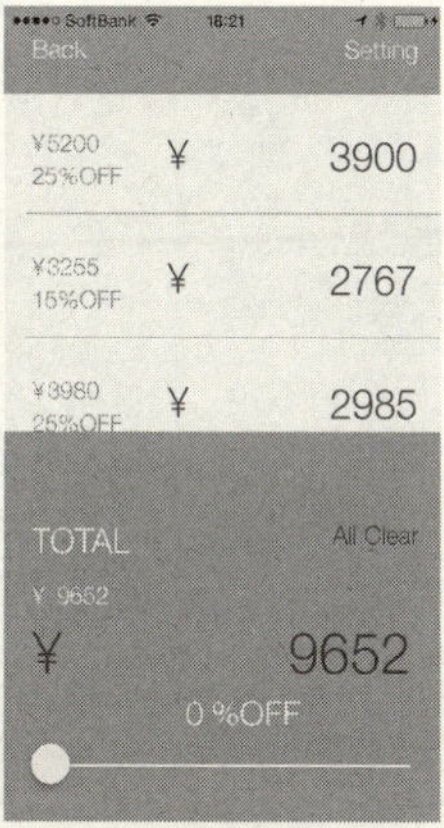

②複数の商品をまとめて総合計を出せます。

96 カレンダーに祭日を表示する

ｉＰｈｏｎｅの標準カレンダーに祭日を表示する方法を紹介します。データをダウンロードして追加するだけなので簡単です。

なお、六曜や天気なども表示可能ですが、それぞれダウンロードできる先が異なります。インターネットで「ｉＰｈｏｎｅ　カレンダー　六曜」などで検索すると方法がわかります。祭日は、アップルのＷｅｂページからダウンロードできるので簡単です。

①アップルのホームページ（apple.com）の右上にある検索窓に「ical japanese holiday」と入力して検索します。面倒なので全部小文字で大丈夫です（検索結果が出ない場合は、Googleで検索してください）。

②ダウンロードサイトを開きます。

③この画面が表示されたら、右上の「Download」をタップします。

④「照会」→「追加されました」とメッセージが表示されるので進めていきます。

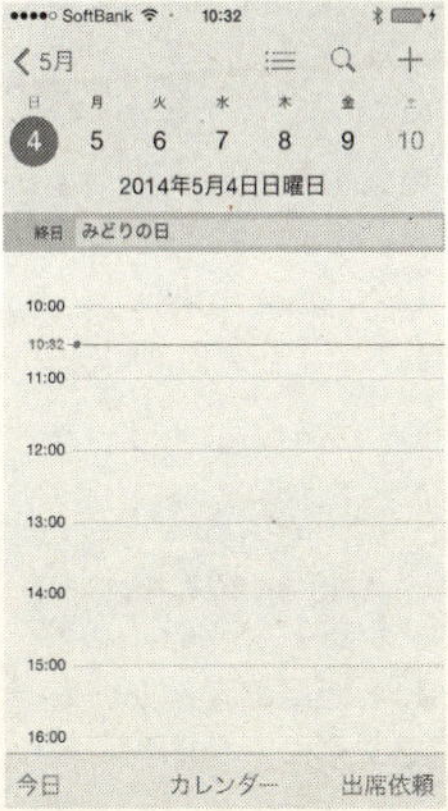

⑤祭日が追加されました。

97 和暦・干支をすぐ知る

「西暦・和暦・年齢・干支早見表」（辞書／その他　無料）を使うと、和暦と西暦の変換がすぐにできます。また、年齢から生まれた和暦を調べたり、干支のチェックにも対応します。

西暦・和暦・年齢・干支早見表
明治 大正 昭和 平成 今年
西暦 和暦 年齢 干支
昭和
1926 昭和1 88歳 寅
1927 昭和2 87歳 卯
1928 昭和3 86歳 辰
1929 昭和4 85歳 巳
1930 昭和5 84歳 午
1931 昭和6 83歳 未
1932 昭和7 82歳 申
1933 昭和8 81歳 酉
1934 昭和9 80歳 戌

和暦と西暦の変換が一覧表ですぐにできます。

西暦・和暦・年齢・干支早見表
明治 大正 昭和 平成 今年
西暦 和暦 年齢 干支
2007 平成19 7歳 亥
2008 平成20 6歳 子
2009 平成21 5歳 丑
2010 平成22 4歳 寅
2011 平成23 3歳 卯
2012 平成24 2歳 辰
2013 平成25 1歳 巳
2014 平成26 0歳 午
2015 平成27 - 未

今の年齢から和暦や干支がわかります。

98　予定を素早く入力する

　ｉＰｈｏｎｅの標準カレンダーは、予定の入力にちょっと手間が掛かります。そこでおすすめなのが、「Ｓｈｏｏｔ！」（仕事効率化　２００円）というアプリ。なんと、予定を入力するためだけに作られたアプリなのです。まず日付を選んだら、時刻を入れて内容を入力すれば、標準のカレンダーに予定が入ります。時間は数字で入力したり、時計の針を回して決めることも可能。また、予定の内容にも定型文を使うことで「会議」「ランチ」などの項目が素早く設定できます。

① Shoot! を起動したら、まず日にちをタップします。

②続いて時間をテンキーから入力します。朝9時なら「0900」とタップします。

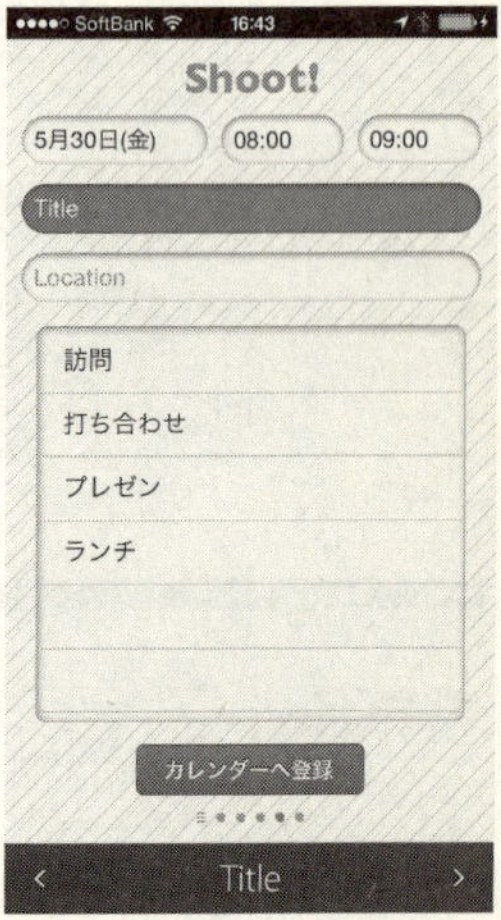

③予定の内容を入力します。よく使うフレーズなら、選ぶだけでOKです。

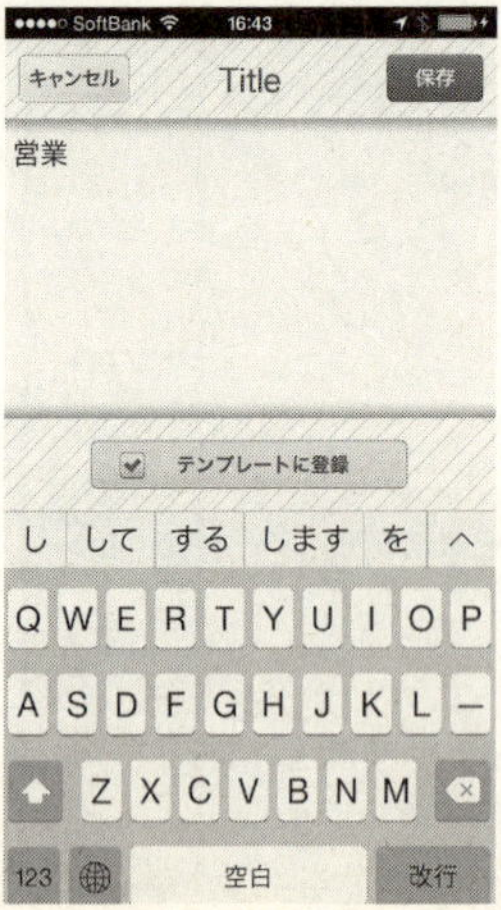

④新しい予定を入力している画面です。「テンプレートに登録」を選べば、次からは選択肢から選べます。

99 翻訳してすぐに伝える

海外旅行などで便利なアプリを紹介します。「Ｇｏｏｇｌｅ翻訳」（辞書／その他　無料）は、声で入力した言葉を外国語に翻訳してくれます。英語以外のさまざまな言葉にも対応していて、「アゼルバイジャン語」など、マイナーな言語さえ翻訳できます。翻訳結果は、文字で表示できるほか、スピーカーボタンをタップすると読み上げてくれます。暗いタクシーの中などでも便利です。また、画面を横に倒すと大きな文字で表示でき、海外の買い物などで大活躍してくれます。

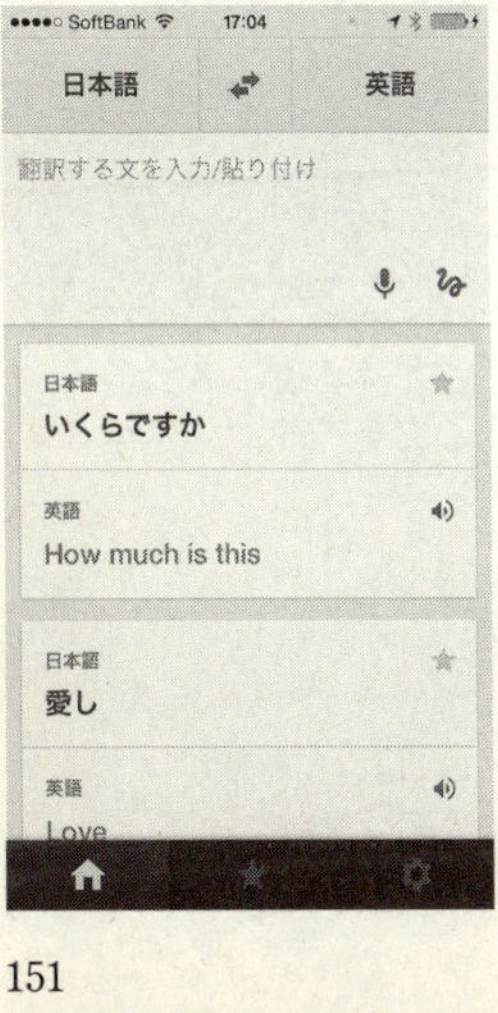

①声で入力した言葉を翻訳できます。

②スピーカーボタンをタップすると読み上げてくれます。

③本体を横に倒すと、大きな文字で表示してくれます。

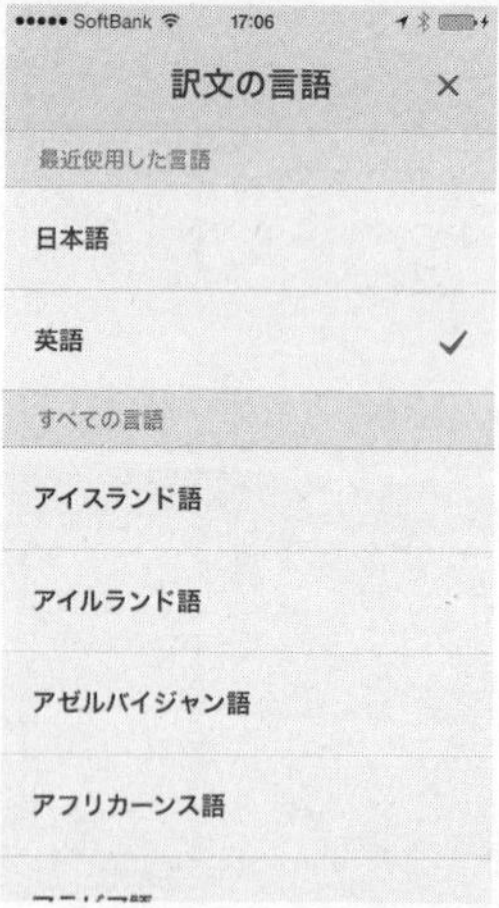

さまざまな国の言葉に対応しています。

100 iPhoneでかざすだけ翻訳

海外旅行などで、わからない単語を調べたいことがあるでしょう。そんなときに「Worldictionary」(300円。無料のライト版もある)を使えば、カメラで撮影した単語を調べられます。

細かな文字を読んでタイプするのが面倒なときはもちろん、中国語など普通のキーボードでは入力できない言葉も調べられるので重宝します。英字新聞などを読みながら語学学習をする際にもおすすめです。

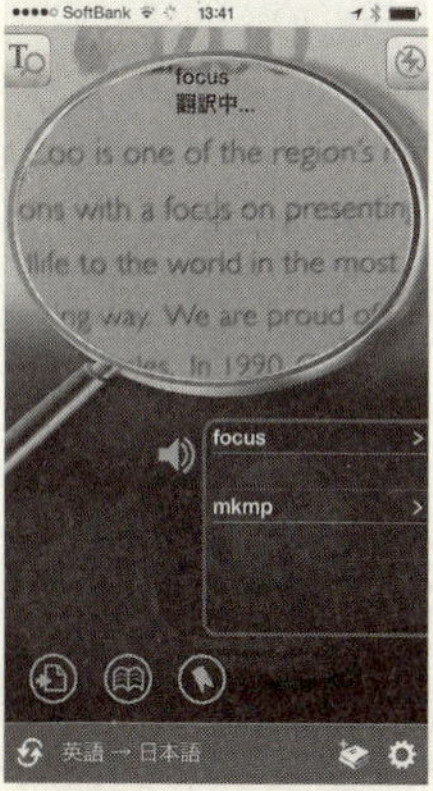

①カメラのマークを調べたい単語に合わせると、認識して表示されます。

②タップすると翻訳できます。作業がとても楽です。

101 詳しい天気をすぐに知る

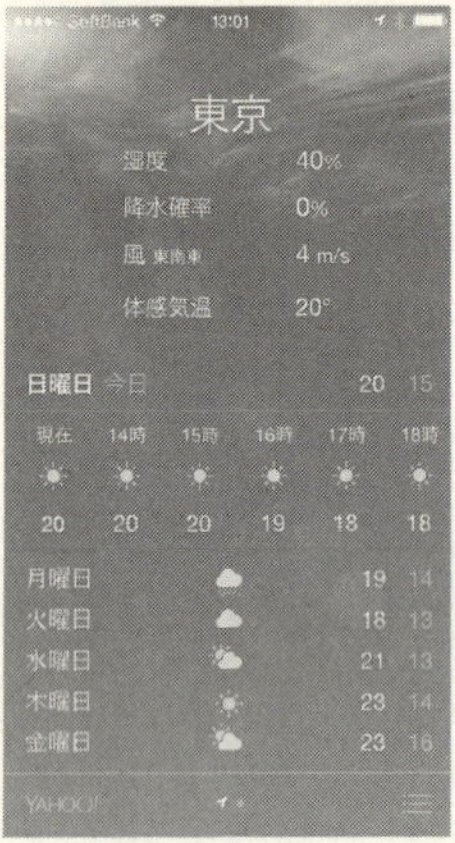

標準の天気アプリで温度の部分をタップすると、湿度などの詳しい情報がわかります。

102 旅行先の天気をすぐに知る

標準の天気アプリで右下のメニューから、天気を見たい地域を登録できます。また、現在地も標準で表示されます。

103 タイマーをいますぐ使う

カップラーメンができるまでの3分間など、決まった時間を計りたいときには、時計では少々面倒。決めた時刻をカウントダウンしてくれるタイマーが重宝します。料理に役立つのはもちろん、仕事でも「30分後に折り返し電話します」といった約束で使うとよいでしょう。うっかり忘れることなく、時間経過を教えてくれるのです。

タイマーはコントロールセンターで1分から23時間59分まで設定できます。

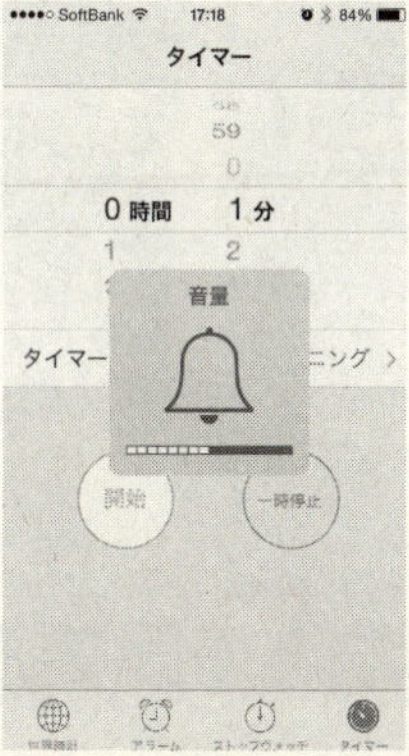

タイマーのボリュームは、iPhoneの音量で変わります。一度試してみてください。

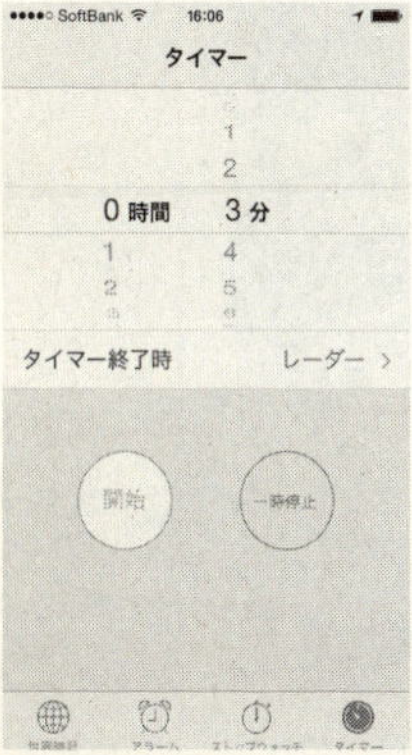

コントロールセンターの時計メニューからタイマーをセットできます。

104 触らないでタイマーを使う

料理中など、手が濡れていたり汚れていても気にせず使えるタイマーアプリを紹介します。「FlowTimer」は、iPhoneの近接センサーを使って操作できるのが特徴。画面から2〜3センチの高さで手のひらを左右に動かすとタイマーの時間を1分刻みでセットできます。もう一度かざすとタイマーがスタート。残り時間も読み上げてカウントしてくれます。タイマーが止まったら、手をかざすとまた最初から操作できます。

①手をかざすと1分刻みで時間が増えます。タイマーのスタートも手をかざすだけです。

②タイマーが止まった画面です。再び手をかざすことで最初から使えます。

105 1日の運動量を計る

「Moves」（無料）は、徒歩や自転車、トレーニングなどの運動量を計測できる素晴らしいアプリで、iPhone 5sにおすすめ。バッテリーが早く減るのが弱点です。

106 寝坊防止のアラーム設定ワザ

スヌーズさえ消して寝てしまう人は、3分や5分おきに連続でアラームをセットすればいいのです。一度設定した時間は残るので、夜寝る前にONにしておきましょう。

107 “絶対に”起きられるアラーム

「デラオキ」（ライフスタイル　無料）は、寝坊が怖い方も必ず起きられるアラームです。指定した時間が来ると、ｉＰｈｏｎｅの最大音量でアラームを鳴らします。しかも、本体を５０回振るまで止まりません。イライラするほど面倒なのですが、寝起きの悪い人にとっては神アプリです。

　さらに、「デラオキツイート」機能をオンにしておくと、設定したカウントに「起きてません」と自動でツイートする機能も。さすがに恥ずかしいので頑張って起きてしまうわけです。

①デラオキは時計のような画面のアプリ。

②アラームを鳴らす時間を設定します。

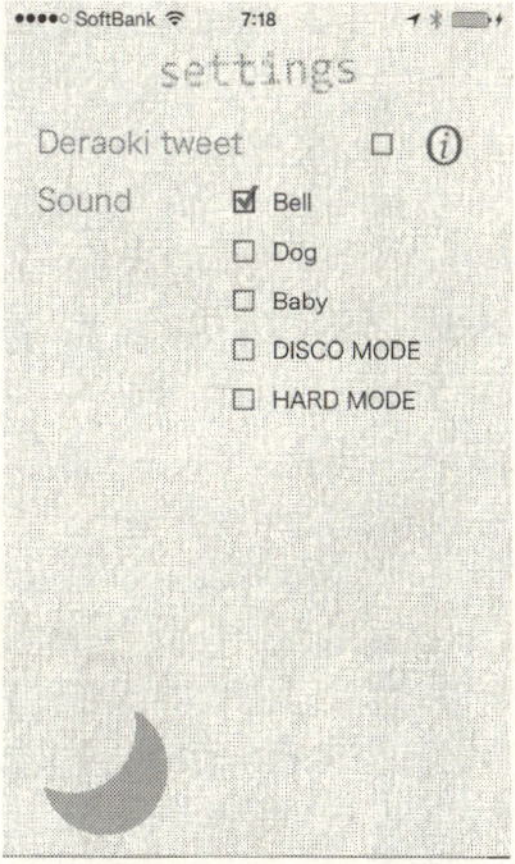

③画面を右にスワイプすると表示できる設定画面では、音の種類を決められます。

④一度鳴ったら本体を50回振るまで止まりません。

108 写真を地図上で整理する

iPhoneの位置情報をオンにしておくと、写真に場所のデータが埋め込まれます。地図上に写真を並べて撮影場所ごとに分類して見られるのです。

例えば旅行や出張で撮影した写真をまとめて見たいときには大変に重宝する機能です。地図を拡大すると、より綿密に分類でき、運動会などのイベントで撮影した写真もまとめてピックアップできます。

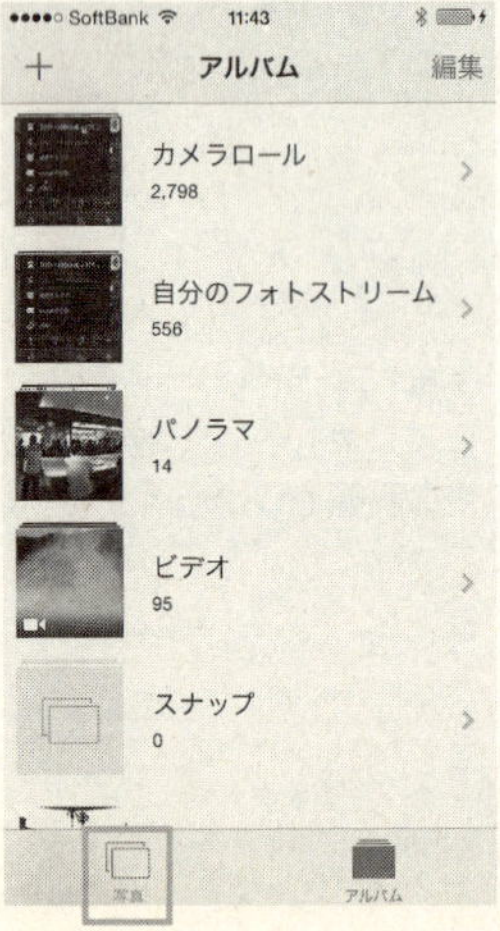

①写真を表示したら、画面下のメニューから「写真」をタップします。

②この一覧画面で地域の名前が書いてあるところをタップします。

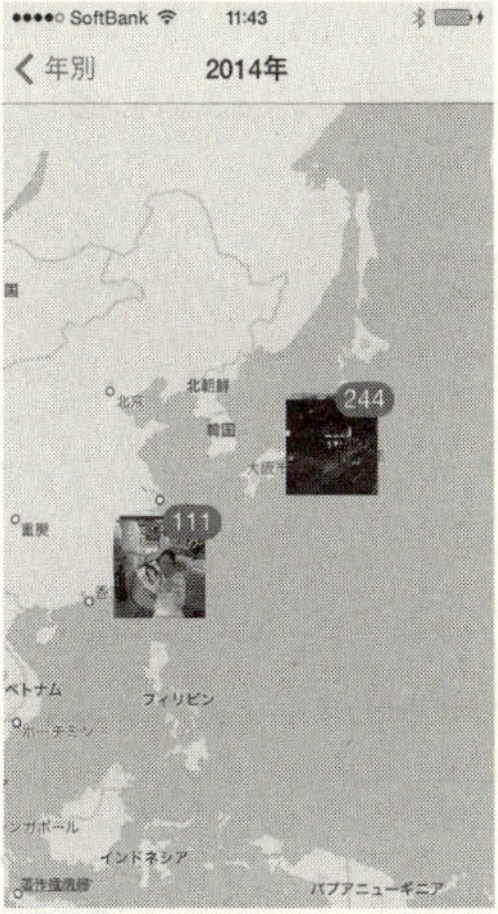

③地図上に写真が表示できました。

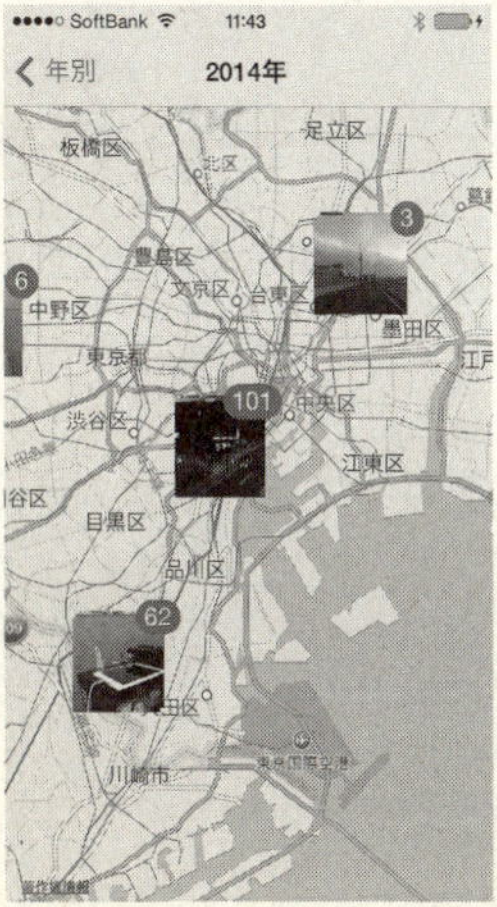

④ピンチ操作で画面を拡大すれば、より細かく分類可能です。

109 連写してベストショットだけ残す

ｉＰｈｏｎｅ５ｓに搭載された連写機能（バーストモード）を利用すると、連続撮影した写真から簡単にベストショットが選べます。なお、他のモデルでも枚数は減るものの連写は可能なので、同じようにテクニックが使えます。

撮影はシャッターボタンを押し続けるだけ。この間は連写されるので、アルバムから写真を選び、ベストショットを選んで、他の写真を捨ててしまいましょう。記録できる容量の節約にもなります。

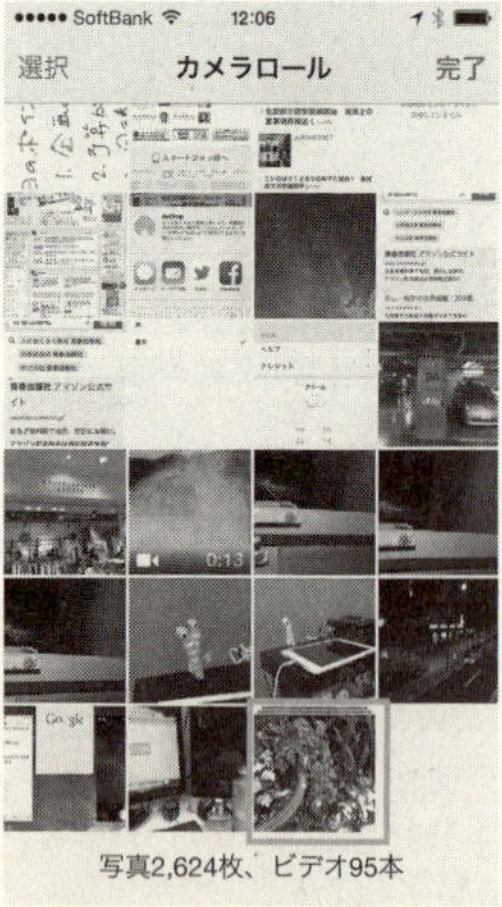

①シャッターを押し続けて撮影した連写写真は、アルバムで重なって表示されます。

②タップして開いたら、画面下の「お気に入り……」をタップします。

③連写した写真がすべて表示されるので、気に入ったものを選択します。

④「1枚のお気に入りのみ残す」を選べば、他の写真は捨てられます。

⑤ベストショットのみが残りました。

110 写真をトリミングする

写真は不要な部分をカットしてトリミングできます。ｉＰｈｏｎｅのカメラでズーム機能を使うと、写真の一部を拡大できます。実は、トリミングも同じような作業です。大きな写真の中から特定のエリアを切り出して、新しい写真として保存できるのです。ただし、あまりにも小さなエリアを切り出すと、画質が落ちていきます。拡大表示していくのと同じことになるからです。

とはいえ、トリミングしても、元の写真を残せますから安心して試してください。

①アルバムで写真を開いたら「編集」をタップします。

②メニューが開いたら
一番右下のトリミング
をタップします。

③画面の枠を指で移動して
切り抜く範囲を決めます。

④トリミングできました。

111 動画をトリミングする

ビデオの撮影もｉＰｈｏｎｅを使う人が増えています。写真は何枚も撮り直してベストショットを選べますが、動画は一発勝負になりがち。うまく撮るには、必要なシーンよりも長めに撮影しておいて、いらない部分をカットするのがコツ。例えば運動会の徒競走なら、走り始める少し前から撮影を開始し、ゴールのあともしばらく撮影しておくわけです。撮り終えたら、不要な部分をトリミングでカットします。トリミングは、アルバムのビデオ再生画面で簡単にできます。

①ビデオを再生する画面で、上部のフィルムロールでトリミングができます。

②動画の端をつまんで動かすと不要な部分がカットできます。

③カットは前後どちらからでも可能。真ん中はできません。

④カットを終えたら再生して内容を確認し、「トリミング」ボタンで保存できます。

112 写真を秘密にする

家族や友人などに見られたくない写真がある方は、専用のアプリを使ってカギを掛けておくといいでしょう。

色々なアプリがありますが、「秘密の写真管理」（無料）は高機能で人気です。

アプリに保存した写真を見るためのパスワードが用意されているほか、偽のパスワードまで利用できます。偽のパスワードを入力すると秘密にしている写真以外を表示できるというこだわりようです。詳しい使い方はアプリのヘルプをご覧ください。

SoftBank
12:48
ひみつ

使い方は難しくありませんが、確実に秘密を守りたい方は、ＦＡＱなどを熟読してください。

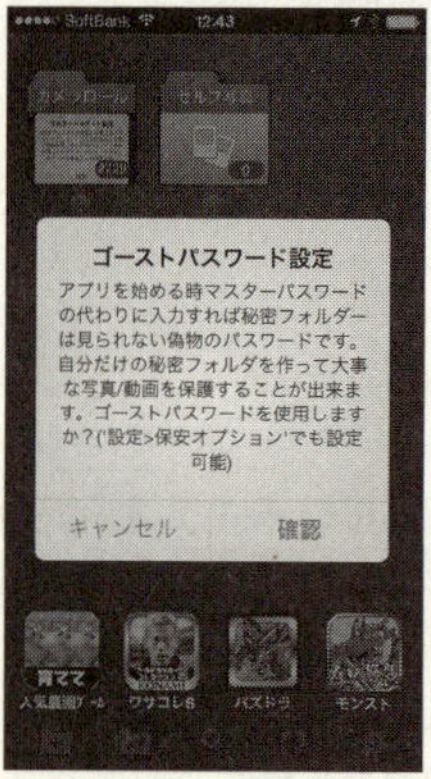
ゴーストパスワード設定
アプリを始める時マスターパスワードの代わりに入力すれば秘密フォルダーは見られない偽物のパスワードです。自分だけの秘密フォルダを作って大事な写真/動画を保護することが出来ます。ゴーストパスワードを使用しますか？('設定>保安オプション'でも設定可能)
キャンセル
確認

偽の「ゴーストパスワード」を設定できます。

113 LINEで相手がブロックしてるか確認

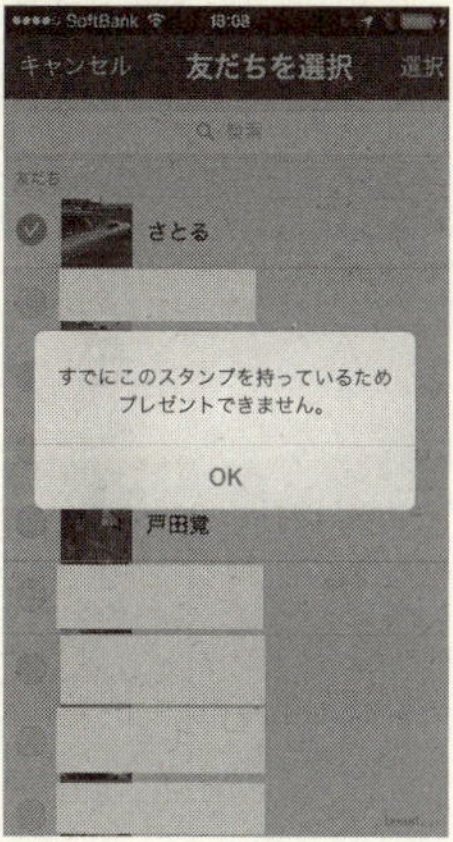

LINEでブロックをされているか知るには、スタンプを送る操作をしてみます。最新のスタンプが「すでに持っている」と表示されるなら、ブロックされている可能性が大です。

114 LINEで既読を付けずにメッセージを読む

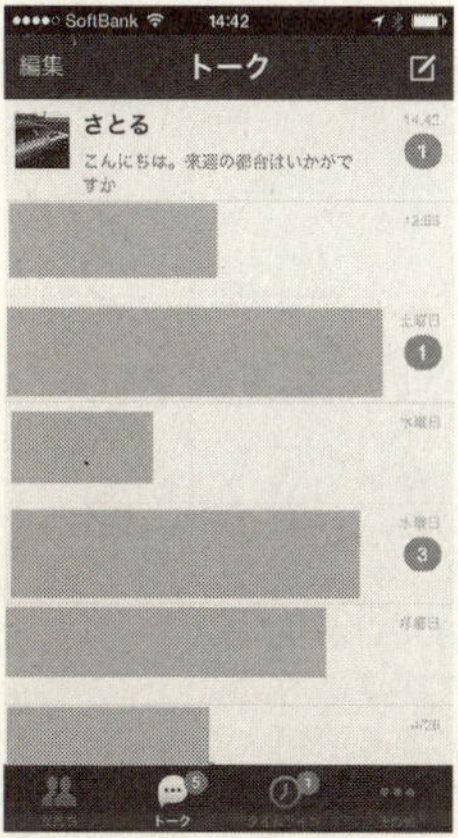

通知で読むなどいくつかの方法がありますが、手っ取り早いのはメッセージの一覧です。最初の1つはメッセージがある程度表示されます。この画面で読めば既読は付きません。

115

老眼にもおすすめの「でか文字スコープ」

iPhoneのカメラを利用して虫眼鏡として使えるアプリを紹介します。「でか文字スコープ」（仕事効率化　無料）は、iPhoneの画面が虫眼鏡のように使えます。2本指でのピンチ操作で拡大率を変えることができ、老眼の方には救世主のようなアプリです。花などを観察する際の虫眼鏡としても活躍してくれるでしょう。

ライトをつける機能も用意されているので、暗い屋外で食品のラベルを見るような使い方にも向いています。

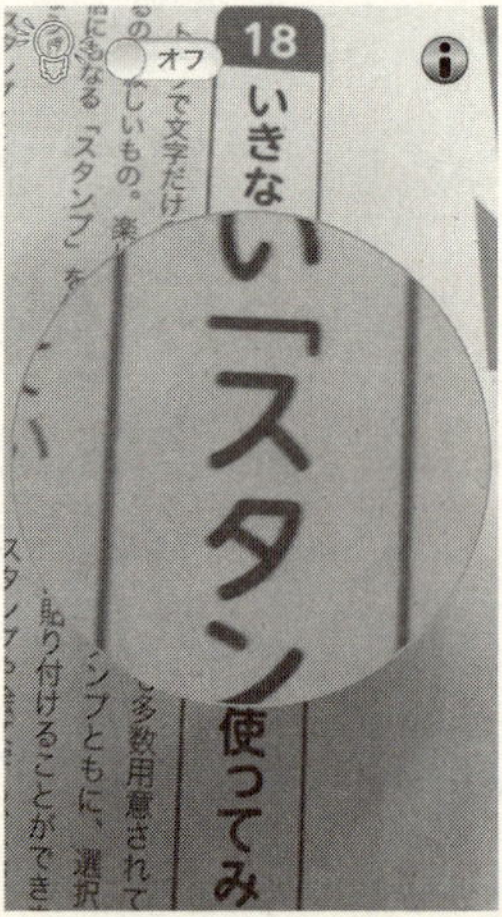

文字を大きく表示する「でか文字スコープ」はとにかく便利です。

116 そっとメッセージを伝える

話ができない場面でちょっとメッセージを伝えたいなら「ＬＥＤ・ｉｔ」（ユーティリティ　２００円）が便利です。ニュースボードのような流れる文字をｉＰｈｏｎｅの画面に表示してくれます。文字サイズが大きいのでちょっと離れた位置からでも読めるでしょう。

静かな美術館などで声を出すのがはばかられるときはもちろん、プレゼンの残り時間を伝えるのにも便利そうです。また、口に出すのが恥ずかしい言葉を伝える時にも使えそうですね。

①伝えたい文字を入力して、色などを決めます。

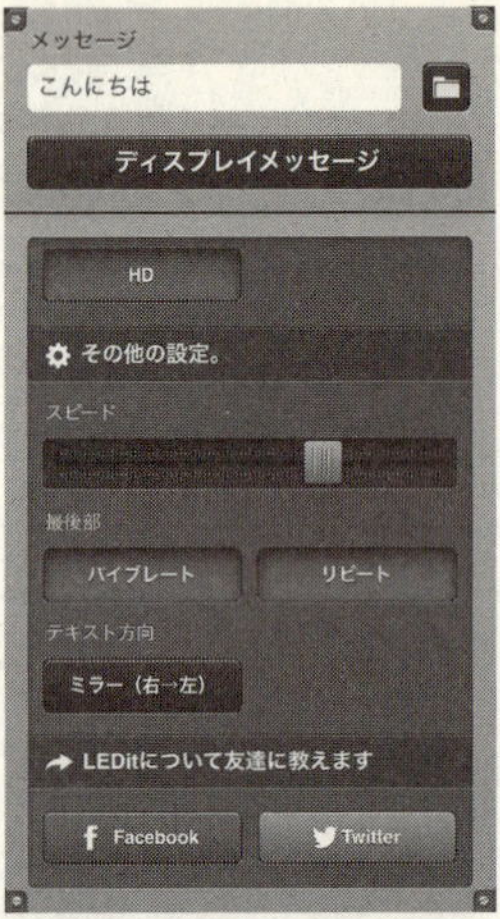

②表示速度なども指定可能。

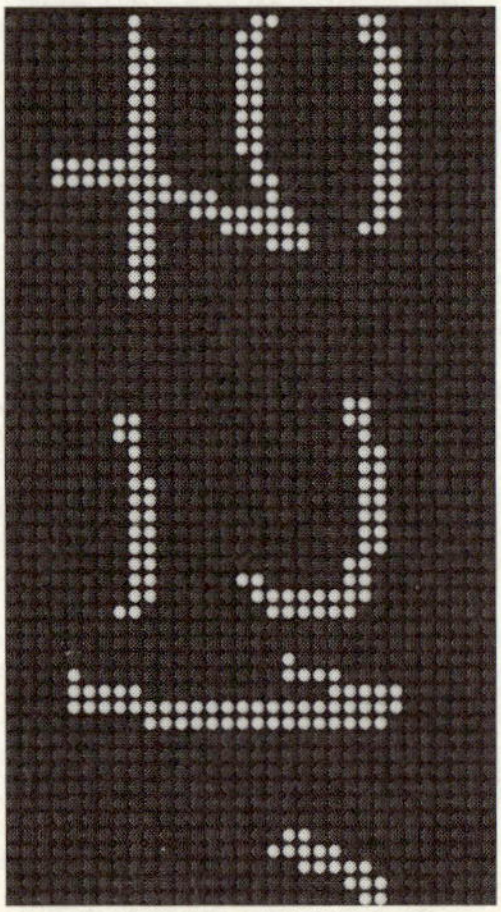

③文字が流れるように表示されます。

117 手書きでササッとメモ書き

ちょっとした手書きメモを書きたいときには、「Ｊｏｔｔｅｒ」（仕事効率化１００円）というアプリが便利です。機能はシンプルですが、使い勝手は上々。数文字のメモなら指でも書けます。スタイラスがあれば、画面を拡大モードにして細かな文字も記録できます。書いたメモはｉＣｌｏｕｄに保存できます。

Jotter は、シンプルなメモアプリです。この画面は拡大モードです。

118 QRコードで情報を伝える

iPhoneには、QRコードを読む機能が搭載されていません。不便なので対応アプリを入れたいところです。せっかくですから、「QRs'」（ユーティリティ　100円）はいかがでしょう。QRコードを読むだけでなく作成できます。

WebページのURLをコピーして貼り付ければ、すぐさまQRコードが生成できます。URLを伝えたいときに役立ちます。

「QR's」では、QRコードを読み取れます。

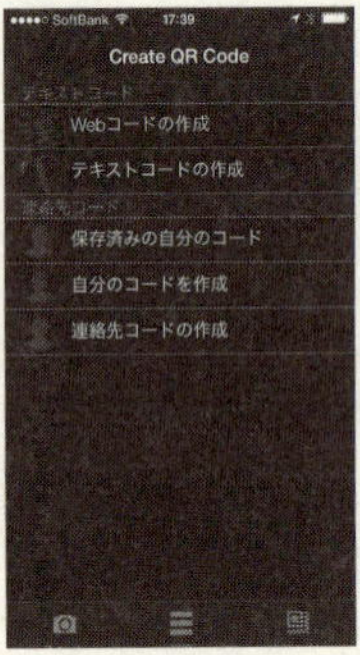

色々なQRコードの作成に対応します。WebのURLはブラウザーからコピーアンドペーストすると楽です。

WebページのQRコードを生成しました。アンドロイドスマホの友だちにも読み取ってもらうことができます。

119 録音したファイルをパソコンに保存する

iPhoneには標準の録音アプリが用意されています。ところが、ファイルはiPhoneに保存されるだけなので、使い勝手はイマイチです。「Voice Recorder HD」（ビジネス 200円）は、高機能な録音アプリです。録音したファイルは、ファイル共有サービスのドロップボックスに記録できます。パソコンからでも、録音したファイルを手軽に再生できます。すでにドロップボックスを使っている方におすすめします。

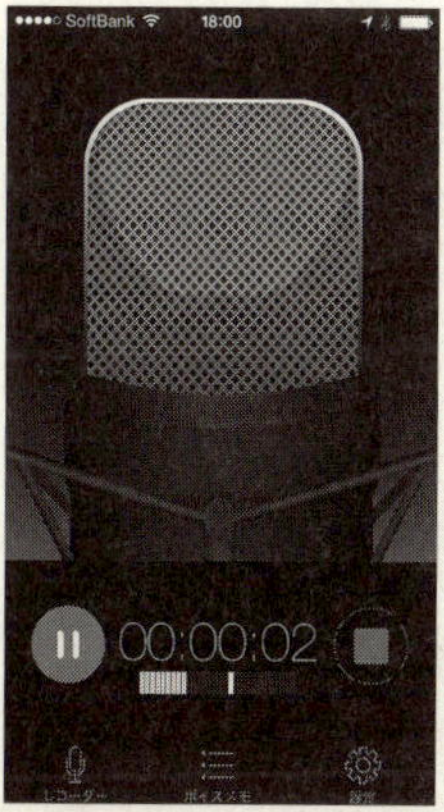

Voice Recorder HD は、アプリのデザインも優れています。

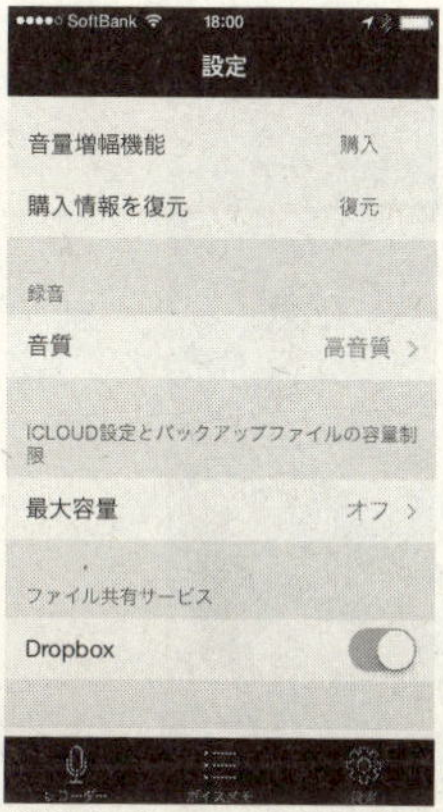

録音したファイルはドロップボックスへアップロードできます。

120 メモリーを解放してアプリ動作を軽くする

アプリの動作が重くなるなど、快適に使えなくなったら、アプリの終了や本体の再起動がおすすめですが、ここでは、メモリーを解放して快適に使えるようにするアプリを紹介します。「cMemory」(ユーティリティ　無料)を起動すると、使われているメモリーの量が表示できます。重いと感じるときには90%を超えているでしょう。解放ボタンを押すだけで、使えるメモリーを確保してくれます。あまり変わらない時もありますが、試してみてください。

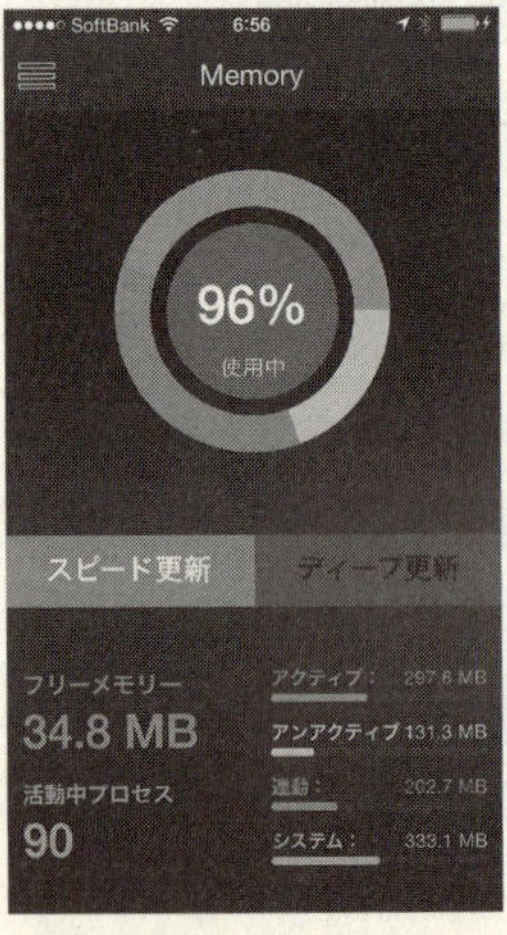

①メモリーの空きが少ないと、赤く表示。怪しい広告が表示されるのが困りものです。

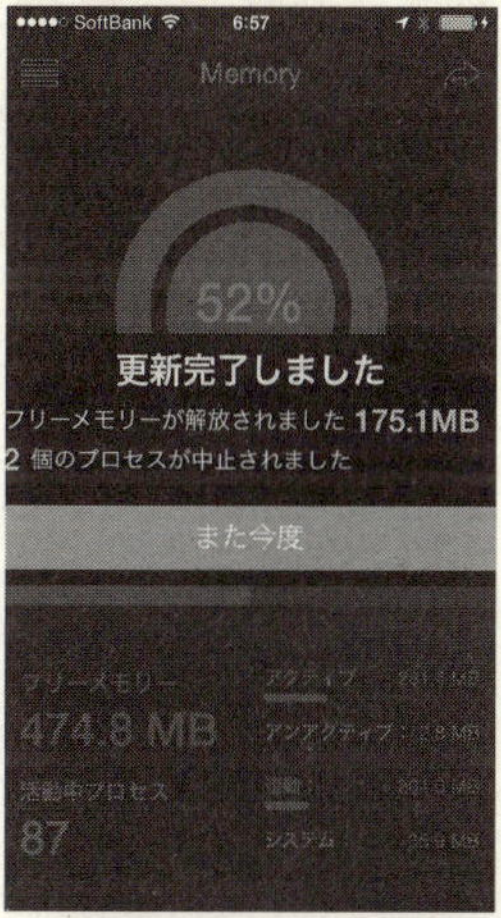

②普段は「スピード更新」をタップすればよいでしょう。

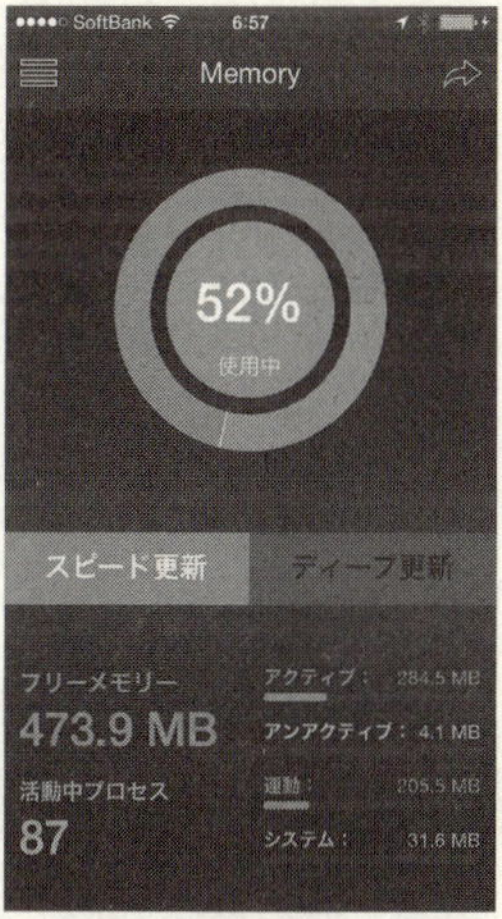

③メモリーが解放されました。

④アプリを起動するだけで自動開放する設定も。

121 バッテリーフル充電をお知らせ

バッテリーのフル充電を待って出かけたいこともあるでしょう。そんなときにおすすめなのが「SYS Activity Manager」（ユーティリティ 100円）です。有料アプリですが、無料のライト版も用意されています。バッテリーがフル充電になるとアラートで知らせてくれます。また、今のバッテリー量で使える時間を用途ごとに表示します。さらに、メモリーを解放するなど、多くの機能を搭載しています。

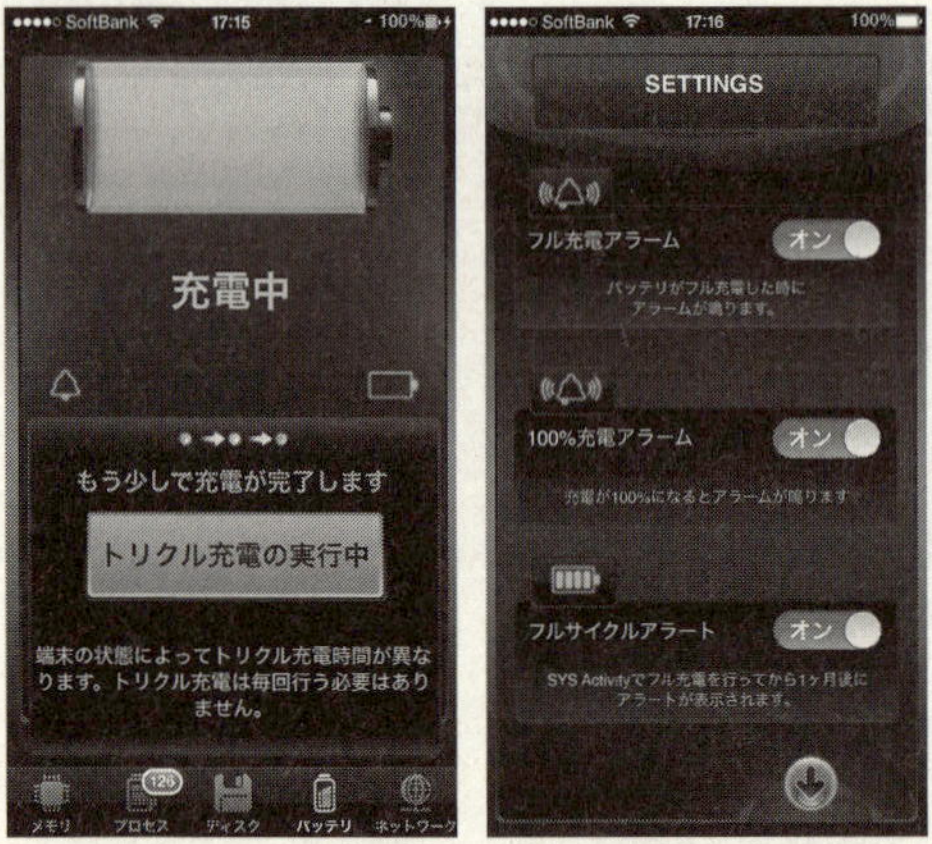

SoftBank 17:15 100%
充電中
もう少しで充電が完了します
トリクル充電の実行中
端末の状態によってトリクル充電時間が異なります。トリクル充電は毎回行う必要はありません。
メモリ
プロセス
ディスク
バッテリ
ネットワーク
SoftBank 17:16 100%
SETTINGS
フル充電アラーム
オン
バッテリがフル充電した時にアラームが鳴ります。
100%充電アラーム
オン
充電が100%になるとアラームが鳴ります
フルサイクルアラート
オン
SYS Activityでフル充電を行ってから1ヶ月後にアラートが表示されます。

充電が完了するとアラートで知らせてくれます。

122 電話を安くかける

今流行のIP電話を使ってみるとよいでしょう。インターネット回線を利用して通話するので、通常の電話料金は掛かりません。「050plus」では、月額324円の基本料金と、3分あたり8・64円等の通話料で電話が掛けられます。

　また、話題の「LINE電話」もiPhoneでのサービスが開始されました。こちらは、あらかじめ利用料金を支払うプリペイド方式です。両者ともアプリをインストールして使えます。

「LINE電話」は、最初に料金をチャージしてから使う方式です。

「050plus」のアプリです。利用には、最初に契約が必要になります。

123 ディスカウント・アプリを見つける

ｉＰｈｏｎｅのアプリは、ひんぱんにバーゲンセールが行われます。普段は２００円のアプリが１００円で買えたらお得ですね。中には、８割引など驚くほどの割引も。さらに素晴らしいことに、期間限定で特別に無料になってるアプリさえあるのです。これらのお得なアプリを見つけるには「バーゲンアプリを探す専用アプリ」を使うのがおすすめです。「アプリのバーゲンセール」（エンターテイメント　無料）をインストールすれば、お得なアプリが次々と表示されます。

アプリのバーゲンセールをインストールすると、お得なアプリが山盛りです。

こちらは、期間限定で無料になっているもののリストです。

アプリの簡単な説明も読めます。

タップしていけば、Appストアからダウンロードできます。

124 iTunesカードを激安で買う

コンビニなどで割引やコードプレゼントキャンペーンがよく行われています。「iTunes カード　割引」で検索してみてください。

125 iTunesカードのコードをパッと入力

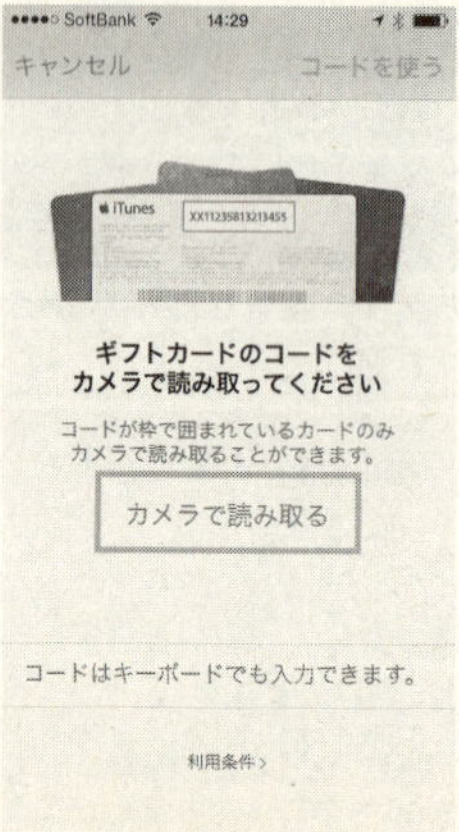

iTunes カードのコードを入力するのが面倒な方は、iPhone の「iTunes Store」からカメラで読み取って登録できます。

126 iPhoneを失くしモノ探知機にする

「Ｓｔｉｃｋ‐Ｎ‐Ｆｉｎｄ」（アマゾンで7000円程度で販売）は、電波を飛ばすステッカーです。見た目は、小さなボタンのような円形のプラスチックです。これをカギやリモコンなどに貼り付けておくと、ｉＰｈｏｎｅから探せるようになります。専用のアプリを起動すると、Ｓｔｉｃｋ‐Ｎ‐Ｆｉｎｄまでの距離が表示されます。近づいたらブザーが鳴るので、カギなどの小さなものもほぼ見つかるでしょう。ちょっとお遊びのようなツールですが、案外実用的です。

Stick-N-Find は専用のステッカーが 2 つ入って 7000 円ほどです。

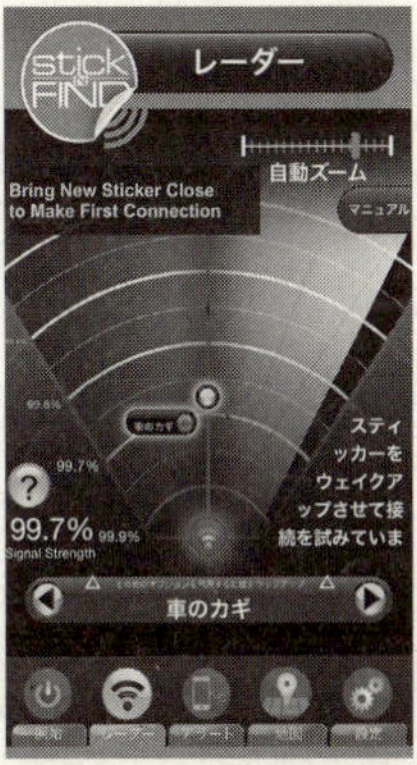

レーダーのような画面で、探しているものまでの距離がわかります。

127 iPhoneをパソコンのマウスにする

iPhoneでパソコンを操作するアプリ「ワイヤレスマウス」(ユーティリティ 200円)を紹介します。正確にはマウスというよりもタッチパッドなのですが、なかなか便利に使えます。アプリをインストールしたら、画面の指示に従って、パソコンにも専用のプログラムをインストールします。あとは、同じWi-Fiに接続すれば準備完了です。

iPhoneのアプリを起動して、「スタート」をタップすれば利用開始。iPhoneの画面上で指を動かすと、パソコンのマウスポインターが動きます。画面をタップすれば、左右のクリックボタンが利用でき、アプリの切り替えなどにも対応しています。使いこなすのは少し難しいのですが、知らない人が見るとびっくりする面白アプリです。

1. コンピュータにてサーバーをイ
コンピューターで www.remotemouse.netにアクセスし、Remote Mouseというサーバプログラムをダウンロードし、インストールして運行する

①アプリを起動したら、画面の指示に従ってパソコン用のソフトもインストールします。

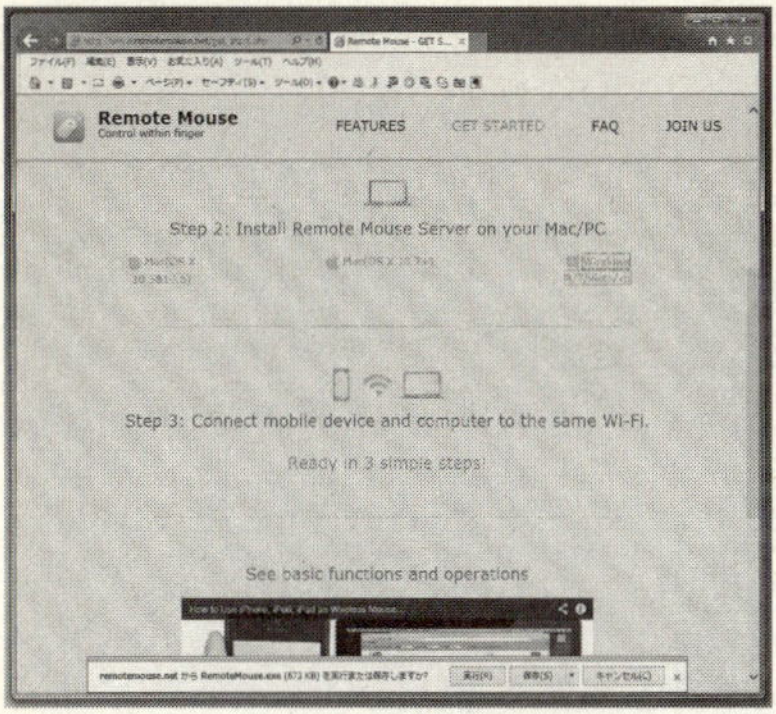
Remote Mouse
Control within finger
FEATURES
GET STARTED
FAQ
JOIN US
Step 2: Install Remote Mouse Server on your Mac/PC
Step 3: Connect mobile device and computer to the same Wi-Fi.
Ready in 3 simple steps!
See basic functions and operations

②パソコン用アプリは無料なのでダウンロードして使います。

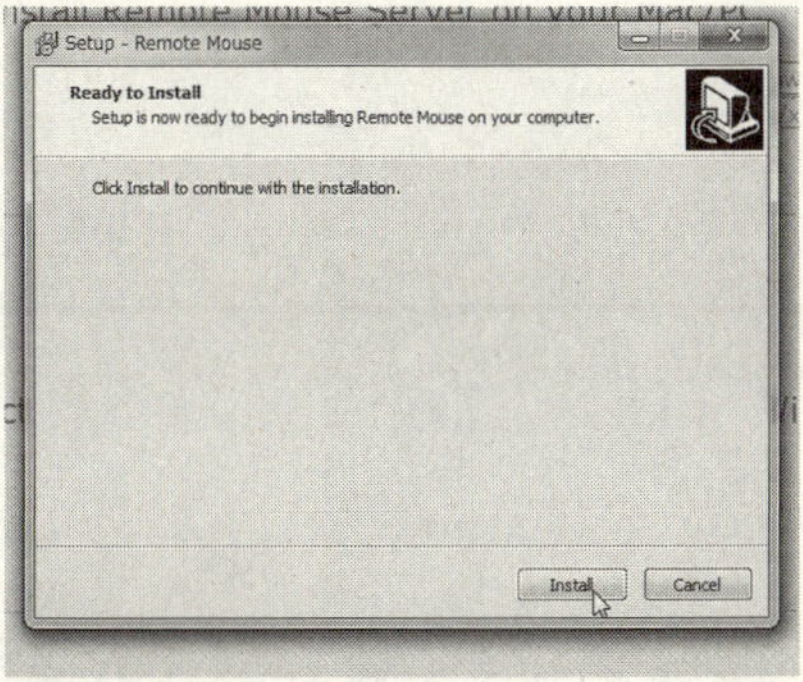
Setup - Remote Mouse
Ready to Install
Setup is now ready to begin installing Remote Mouse on your computer.
Click Install to continue with the installation.
Install
Cancel

③インストールは簡単です。

Remote Mouse
18:22
2014/05/30

④パソコンにアプリが常駐し、同じ Wi-Fi に接続すれば準備完了です。

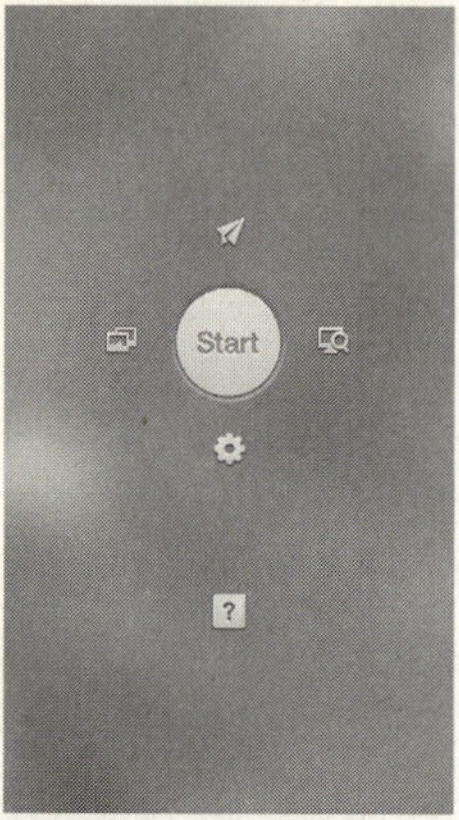

⑤スタートをタップすれば
利用開始です。

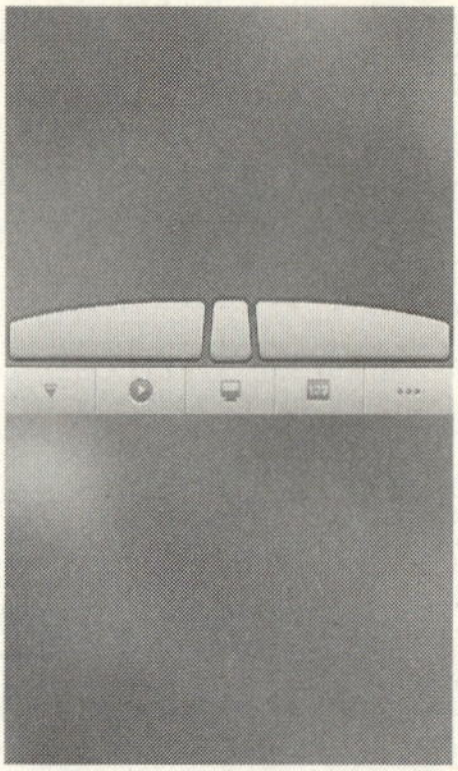

⑥ iPhoneの画面でマウス
ポインターを動かせます。
まるで外付けのタッチパッ
ドのように使えます。

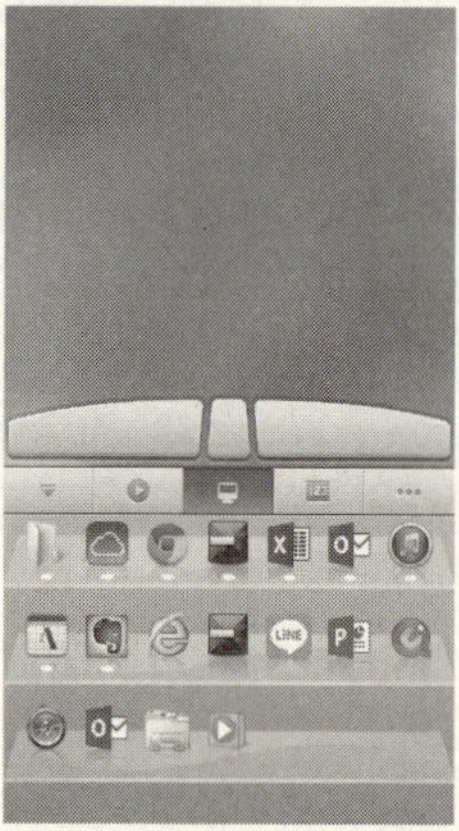

⑦アプリの切り替えもでき
ます。

⑧テンキーとして使えば、
計算も楽です。

お悩み解決 Q&A ①

Q やらなければいけないことを iPhone にメモしても、メモを見ることさえ忘れてしまいます…

A Jotter などの手書きアプリにメモを書きます。そのまま 37 ページの手順でスクリーンショットを撮れば準備完了。あとは、ロック画面の壁紙にしてしまいましょう。iPhone を使う度に目に入るから絶対に忘れません。僕は、大きな駐車場に車を止めたときには番号を記録して忘れないようにしています。

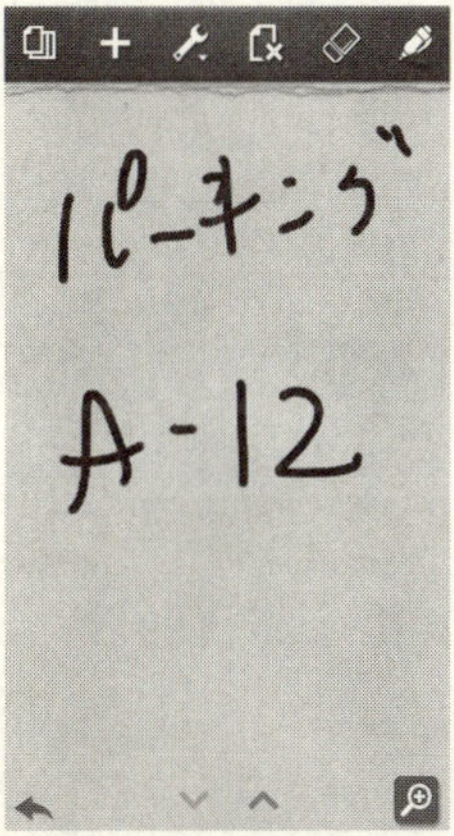

Jotter にやるべきことを書いて、スクリーンショットを撮ります。

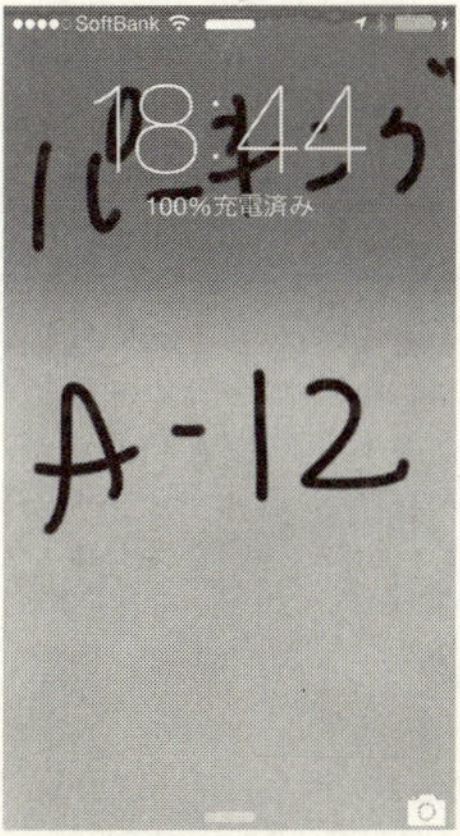

ロック画面の壁紙にすれば絶対に忘れません。

お悩み解決 Q&A ②

Q お店の情報を見て、次に地図を開き…とやっていたら、前に見ていたページをうっかり閉じてしまいます…

A これから出かけるおいしいレストランを探して、そのページからすぐに地図や電話番号が見られるのは便利ですよね。ところが、ブラウザはよく使うので、ついうっかり他の作業をしてページを閉じてしまうことがよくあります。こんなときは、ブラウザを２つ使うのがベストです。レストランの情報はChromeで表示しておき、Web検索はSafariで行うわけです。これなら、ブラウザを切り替えるだけで、情報をチェックできます。

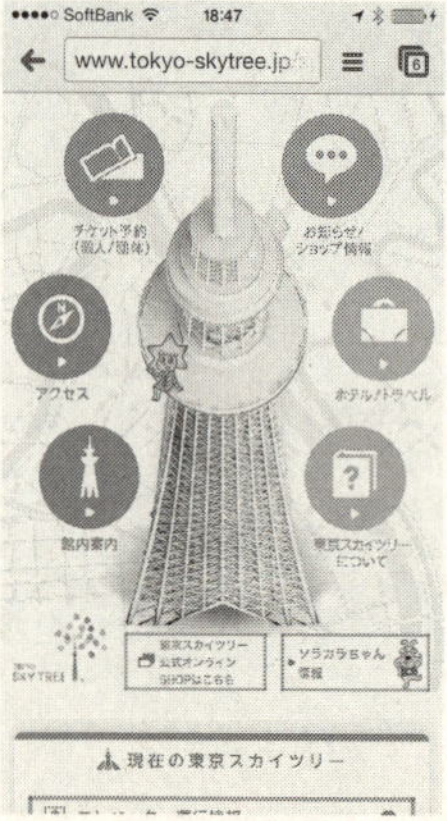

これから出かける先の情報はChromeに表示しておきます

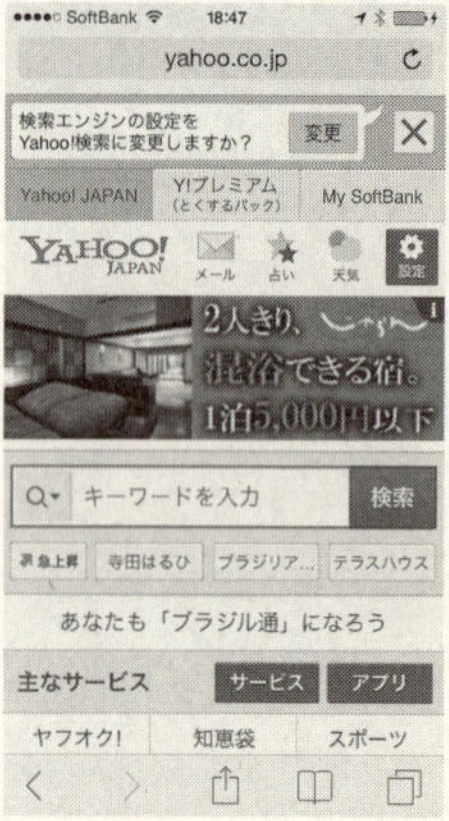

Web検索などはSafariを使うとベストです。

お悩み解決 Q&A ③

Q アプリが増え続けて困ります。いい整理方法を知りたいです。

A 人それぞれに便利なホーム画面の使い方があるようですが、僕は１ページ目にプリインストールされているアプリをそのまま表示しています。初期状態でインストールされているアプリは利用頻度が高いし重要だからです。自分でインストールしたよく使うアプリは、２ページ目に並べています。ホーム画面と２ページ目のアプリで、日常作業はだいたい済んでしまいます。とはいえ、その他のアプリも数え切れないほどインストールしています。こちらは、フォルダーで分類していますが、検索で探すことがほとんどです。

よく使うアプリは２ページ目に置いています。メールの未読が多いのはGmailを受信しているからです。

お悩み解決 Q&A ④

Q いいアプリを効率的に見つけるには、どうすればいいですか？

A 仕事柄、使い勝手のいいアプリを探すことが少なくありません。そんなときに、最も便利なのがカテゴリごとのランキングです。「仕事効率化」「ユーティリティ」などのカテゴリごとに、ランキングを表示します。暇なときにチェックしておき、知らないアプリが目に付けば、それは人気急上昇中のものである場合が高いです。早速詳細をチェックしてみましょう。

カテゴリごとにアプリをチェックしてみましょう。

人気ランキングで探せば、ハズレが少ないはずです。

青春文庫

たった1秒《びょう》iPhoneのスゴ技《わざ》130

2014年7月20日　第1刷

著　者　戸《と》田《だ》 覚《さとる》

発行者　小澤源太郎

責任編集　株式会社プライム涌光

発行所　株式会社青春出版社

〒162-0056　東京都新宿区若松町 12-1

電話 03-3203-2850（編集部）

03-3207-1916（営業部）

振替番号　00190-7-98602

印刷／共同印刷

製本／フォーネット社

ISBN 978-4-413-09601-0